G. C. B. Busch

Handbuch der Erfindungen

G. C. B. Busch

Handbuch der Erfindungen

ISBN/EAN: 9783742842312

Hergestellt in Europa, USA, Kanada, Australien, Japan

Cover: Foto ©Andreas Hilbeck / pixelio.de

G. C. B. Busch

Handbuch der Erfindungen

Versuch

eines

Handbuchs

der

Erfindungen

von

G. C. B. Busch,

Pfarrer bey der neuen Kirche zu Arnstadt.

———

Siebenter Theil.

T. U. und V.

———

Eisenach,

bey J. G. E. Wittekindt.

1796.

Meinen Wünschen nach sollte dieser Theil den Beschluß des ganzen Werks machen, aber Geschäfte haben mich abgehalten, die Buchstaben W. und Z. liefern zu können. Gleichwohl wünschte der Herr Verleger, Manuscripte von mir zu haben, daher ich ihm die bereits ausgearbeiteten übersandte. Die Buchstaben W. und Z. werden nächstens folgen.

Der Verfasser.

Pränu

Pränumeranten
zu Busch Handbuch 7ter Theil.

In der Kaiserl. Königl. Freistadt Biala in Galizien.

1. Herr Joh. Mizia, evangelischer Pfarrer und Senior.
2. — Erdmann Friedrich, Kaufmann.
3. — Carl Tschikardt, Schullehrer.

In der Kreisstadt Bochnia in Galizien.

4. Herr Jacob von Hebenstreidt Kaiserl. Kreis-Kommissarius.

In Bielitz. Kaiserl. Schlesien.

5. Herr Koschel, Kaufmann.
6. — Köhler, Kaufmann.
7. — Traugott Meyer, Schönfärber.
8. — Gimsa, Bürgerlicher Seifenfabrikant.

Nachtrag zu Biala.

9. — Johann Seeliger, Kaufmann.

In Osieck.

10. — Pohl, Pfarrer.

In Ungarn.

11. — Kutzob, Kaufmann.

T.

T.

Taaut oder Thot f. Buchstaben.

Taback wurde aus Westindien nach Europa gebracht, wenn er auch in Asien früher bekannt gewesen seyn sollte, wie man neuerlich geäußert hat. Herr Hofrath Beckmann vermuthete zuerst, daß man schon vor der Entdeckung von Amerika eine Art Taback in Asien geraucht haben könne und meldete diese Vermuthung dem Herrn Colleg. R. Pallas, welcher auch nicht daran zweifelte, daß der Taback, besonders in China, schon vor der Entdeckung von Amerika geraucht worden sey; er vermuthet sogar, daß die Holländer von den Pfeifen der Chineser und Mongolen das Modell zu den ihrigen genommen haben möchten. Nachher bestätigte Herr Hofrath Beckmann seine Vermuthung durch eine Stelle aus des Ulloa Nachrichten von Amerika, wo dieser sagt: „Man kann nicht annehmen, daß die Europäer den Gebrauch des Rauchtabacks aus Amerika erhalten haben; denn da er in den Morgenländern selbst alt ist: so mußte er ganz natürlich von da aus bekannt werden, seitdem mit diesen Gegenden von dem mittländischen Meere aus Handel getrieben wurde. Nirgend, auch nicht in den Gegenden von Amerika, wo der Taback wild wächst, ist der Gebrauch desselben, und zwar nur zum Rauchen, weder allgemein, noch sehr häufig. a).

Diese Hypothese läßt sich auch noch damit unterstützen, daß es nicht blos in Amerika, sondern auch in und bey Asien Oerter gibt, von deren Namen man das Wort Taback ableiten könnte; hieher gehört besonders der Ort Tobaek, Tabaka oder Tabako, der nicht weit von Ismail liegt und im Jahr 1789 dadurch merkwürdig wurde, daß der Fürst Repnin daselbst den Seraskier Hassan Pascha schlug b). Auch findet man im wüsten Arabien eine Stadt, Namens Tabuc u. a. m. Doch bedürfen diese Vermuthungen noch mehrere Bestätigung, daher ich mich nicht länger dabey aufhalte, sondern die Nachrichten von der Entdeckung des Tabacks in Amerika mittheile.

In den alten Zeiten brauchten die Indianer das Kraut des Tabacks zur Heilung der Krankheiten, besonders als Wundkraut; auch sogen sie den Rauch des Tabacks, wenn sie wahrsagen wollten c).

Woher der Taback seinen Namen erhielt, ist ungewiß; einige meynen, von der Insel Tabago in Amerika, andere aber glauben, daß diese Insel vielmehr den Namen vom Taback erhielt, weil solcher daselbst häufig angetroffen wurde; andere meynen, er habe seinen Namen von der Stadt Tabas-

Tabasco oder der Provinz Tabaka in Yucatan erhalten, wo er häufig wuchs; Hernandez erzählt aber, daß das Rohr, woraus die Einwohner von Domingo ihren Taback rauchten, Taba-
cos genannt wurde und dieses habe Gelegenheit gegeben, daß die Spanier dieses Kraut, welches
bey den Einwohnern von Domingo Cohiba hieß,
Taback (Tabacco) genannt hätten d). Diese
Meynung ist die wahrscheinlichste und wird dadurch
bestätiget, daß der spanische Mönch, Roman Pane oder Pano, den Columbus, bey seiner zweyten
Rückreise aus Amerika, dort ließ, im Jahre 1496
die erste Nachricht vom Taback, den er auf St.
Domingo kennen gelernt hatte, bekannt machte.
Er nannte ihn Cohoba, Cohobba, Gioja, und
beschrieb nicht nur den Gebrauch des Tabacks,
sondern auch die zweyzackigte Tabackspfeife. c).
Erst im Jahr 1520 wurde die Tabackspflanze von
den Spaniern auch in Yucatan gefunden f).

Franciscus Hernandez von Toledo brachte die
Tabackspflanze zuerst aus Amerika nach Spanien;
daß dieses aber Tausend fünf Hundert und etliche
Zwanzig geschehen seyn soll g), ist wohl nicht richtig, weil er erst von Philipp II, der 1556 zur Regierung kam, nach Amerika geschickt wurde. Eben
so so unrichtig scheint mir die Sage, daß ein
Mönch die Tabackspflanze 1556 zuerst nach Europa
gebracht habe.

Im Jahr 1535 hatten sich schon die Neger an
den Taback gewöhnt und baueten ihn in den Pflan-
zungen ihrer Herren. Auch Europäer rauchten
schon Taback h). Im Jahr 1559 kam Tabacks-

saa-

saamen nach Portugal i) und der französische
Edelmann Johann Nicot, der sich als Gesandter
des Königs von Frankreich am portugiesischen Hofe
aufhielt, bekam von einem portugiesischen Edelmann einige Pflanzen, die ihm aus Florida geschickt wurden, geschenkt. Johann Nicot schickte
in gedachtem Jahre schon Saamen nach Paris an
die Königinn Catharina von Medicis; auch ver-
suchte er die Kräfte der Tabacksblätter bey Wunden und äusserlichen Gebrechen, daher der Taback
im Lateinischen nach seinem Namen Herba Nico-
tiana genannt wurde. In Frankreich nannte man
ihn Herbe de la reine mere, auch Herba medicea,
weil ihn die Königinn Catharina stark brauchte;
auch nannte man ihn herbe du Grand - prieur,
nach dem damaligen Grand - prieur aus dem Hause
Lorraine, der ihn stark brauchte. Auch hieß er
einmal Herbe de sainte Croix, nach dem Cardinal
Prosper Poblicola de Santa Cruce, der ihn nach
seiner Zurückkunft aus Portugal, wo er als päbst-
licher Nuntius gewesen war, mit nach Rom brachte und ihn in Italien bekannt machte k).

Der Gebrauch, Taback zu schnupfen, soll bey
den Spaniern zuerst aufgekommen und von diesen
zu den Italienern gekommen seyn l), wie denn
auch eine Gattung des Schnupftabacks, der Spa-
niol, seinen Namen von den Spaniern erhalten
hat, die ihn aus dem spanischen Amerika brachten m).

Nach Deutschland soll der Taback schon unter
Karl V. mit den spanischen Kriegsheeren gekommen

men seyn. Conrad Geßner lernte den Taback 1565 kennen, damals zogen schon verschiedene Botaniker diese Pflanze in ihren Gärten. Im Jahr 1575 erschien die erste Abbildung der Tabackspflanze in des Andre Thevet Cosmographie.

Die Engländer lernten den Gebrauch des Tabacks im Jahr 1585 kennen, denn Camdenus schreibt in seinen Annalen bey dem Jahr 1585 folgendes n): „Als die Engländer aus Virginien (1585) zurückkamen: so haben sie jene indische Pflanze, welche sie die Tabacks- oder Nicotianische Pflanze nannten und nach dem Unterrichte der Indianer gegen die Cruditäten brauchten, meines Wissens zuerst nach England gebracht; von der Zeit an wurde ihr Gebrauch sehr allgemein und sie erhielt einen großen Werth, indem sehr viele ihren starkriechenden Rauch, einige aus Wollust, andere aus Sorge für die Gesundheit, durch eine irdene Röhre mit unersättlicher Begierde einziehen und durch die Nasenlöcher wieder von sich blasen, so daß es eben sowohl Tabackshäuser, als Bier- und Weinschenken, hin und wieder in den Städten giebt. Man erzählt auch, daß der Engländer Rapheling in Virginien zuerst Taback rauchen lernte und diese Kunst hernach andere junge Leute in England lehrte, von denen einige, die die Universität Leiden besuchten, dieselbe nach Holland brachten. Die Nachricht, daß der Gebrauch des Rauchens und Schnupfens im Jahr 1600 aufgekommen sey, ist viel zu unbestimmt, denn in Europa und selbst in Deutschland war beydes früher gewöhnlich.

Im

Im Anfange des 17ten Jahrhunderts gieng der Tabacksbau schon in Ostindien an o).

Der König Jacob I in England suchte den Gebrauch des Tabacks ; den er ein schädliches Unkraut nannte, durch eine starke Auflage abzuschaffen.

In der Türkey wurde der Taback 1605 eingeführt p). Im Jahr 1610 war das Tabackrauchen in Constantinopel bekannt; um die Gewohnheit lächerlich zu machen, ward ein Türk mit durch die Nase gestoßener Pfeife durch die Gassen geführt. Nachher kauften die Türken lange Zeit den Taback, und zwar den Ausschuß, von den Engländern; die Cultur desselben haben sie erst spät gelernt.

Im Jahr 1615 fiengen die Holländer den Tabacksbau bey Amersfort an q).

Im Jahr 1619 schrieb Jacob I, König in England, wider den Gebrauch des Tabacks seinen Misocapnos und befahl, daß kein Pflanzer in Virginien mehr als 100 Pfund bauen sollte r). Einige Compagnien Engländer brachten im Jahr 1620 die Gewohnheit des Tabackrauchens nach Zittau s) und in eben diesem Jahre brachte der Kaufmann Robert Königsmann die erste Tabackspflanze aus England nach Straßburg.

Im Jahr 1624 that Pabst Urban VIII alle in den Bann, die Taback in der Kirche nehmen würden, weil ihn schon damals spanische Geistliche in der Messe nahmen.

Im Jahr 1626 wurde der Taback schon verfälscht t); und 1631 wurde das Tabackrauchen

zuerst

zuerst zu Leißnig in Meißen durch die schwedischen
Kriegsleute bekannt u).

In Schweden fragte der gemeine Mann nicht
eher nach dem Taback, als unter der Regierung
der Königin Christina; denn da nicht lange vorher ein Schiff an den Halländischen Küsten gestran-
det war und die Bauern Tabacksrollen zu sehen bekamen; so glaubten sie, es wären Stricke, um
das Vieh damit anzubinden v).

In Rußland wurde das Rauchen 1634 bey
Verlust der Nase verboten.

Im Jahr 1653 fieng man im Lande Appenzell
an, Taback zu rauchen. Anfänglich liefen die
Kinder denen nach, welche auf den Gassen rauchten; da ließ der Rath die Tabacksraucher vorla-
den und bestrafen, auch den Gastwirthen befehlen,
diejenigen anzuzeigen, die bey ihnen rauchen würden w).

Im Jahr 1661 wurde die Berner Polizeyord-
nung gemacht, die nach den zehn Geboten abgetheilt ist; in dieser steht das Verbot des Tabackrauchens unter der Rubrik: du sollst nicht ehe-
brechen. Dieses Verbot wurde 1675 erneuert und
das deshalb niedergesetzte Tabacksgericht, Chambre
du Tabac, hat sich bis in die Mitte des jetzigen
Jahrhunderts erhalten x). In Glarus wurde
das Tabackrauchen, 1670 und in den folgenden
Jahren, mit einer Krone Geld bestraft.

Im Jahr 1676 versuchten ein Paar Juden
zuerst den Tabacksbau in der Mark Brandenburg,
der jedoch erst 1681 zu Stande kam.

Im

Im Canton Basel nahm der Tabacksbau 1786 seinen Anfang.

Pabst Innocentius XII that im Jahr 1690 alle in den Bann, die in der St. Peterskirche Taback schnupfen würden. Im Jahr 1697 wurde der Taback schon in der Pfalz und in Hessen gebaut. Der Rath zu Straßburg verbot im Jahr 1719 den Anbau des Tabacks, aus Besorgniß, er möchte dem Getraide schaden. Im Jahr 1724 hob Pabst Benedikt XIII die Excommunication des Innocentius auf, weil er sich selbst an den Taback gewöhnt hatte y). Jonas Montadon zu Chaux des Fonds erfand 1760 eine Maschine, mit der man in einem Tage ohne Abgang 100 Pfund Taback rappen kann.

a) Ulloa Nachrichten von Amerika I S. 139. b) Kaiserl. privil. Hamburg. neue Zeitung 1789. 171 Stück Dienstag, den 27. Oct. unter der Rubrik: St. Petersburg, den 9ten Oct. Frankfurter Kaiserl. privil. Reichs-Ober-Post-Amts-Zeitung. 1789 Nr. 172. den 27. October unter der Rubrik: Petersburg, den 6 October. c) Vermischte Aufsätze zum Nutzen und Vergnügen und charakteristische Begebenheiten aus der wirklichen Welt. Ein Lesebuch. Eisenach 1792. I. B. S. 207. d) Jablonskie allgem. Lex. Leipzig. 1767 II. S. 1511. e) Schlözers Briefwechsel III. S. 156. f) Antipandora I. S. 461. g) Jablonskie a. a. O. II. 1511. h) Beckmanns Anleitung zur Technologie S. 216. 1787. i) Beckmanns Beyträge. III. 2. St. S. 266. k) Beckmanns Technol. S. 216. l) Jablonskie a. a. O. II. S. 1319. m) Ebendas. S. 1419. n) Camdeni Annal. rer. Anglicar. et Hibernicar. regnante Elisabetha. Londini 1615 p. 388. ad ann. 1585. Journal von und für Deutschland. Eilftes Stück. 1788 S. 414.

S. 414. o) Beckmanns Beyträge III. B. 2. St.
S. 266. p) Erlanger gel. Zeitung 1794, 43. St.
S. 683. q) Antipandora II. S. 372. r) Beck-
manns Technol. S. 217. s) Zittauischer Schau-
platz von Carpzov und Spitler II. S. 228. t) Joh.
Neandri Tabacologia. Lugd. Bat. 1626 p. 242.
v) Spitler aus Kamprads Leißnigker Chronika.
S. 442. v) Stockholmer Magazin. III. Th. 1756
S. 185. w) Walsers Appenzellische Chron. S. 624.
x) Sinner Voyage histor. et Litter. dans la suisse
occidentale. II. p. 276. y) Beckmanns Technol.
S. 219.

Tabacksbeitze. Die erste gedruckte Beschreibung einer Tabacksbeitze lieferte Johann Neander im Jahr 1626 a). Im Anfange dieses Jahrhunderts soll ein Jude in Holland, weil er zuerst Cascarille zur Beitze gebraucht, große Reichthümer erhalten und Bolongaro in Frankfurt soll in weniger als 50 Jahren mit seiner Beitze Millionen gewonnen haben b). Der Schulhalter Leumann zu Lebus, eine Meile von Frankfurt an der Oder, hat folgendes Mittel gefunden, den schlechtesten Taback zu verbessern. Man nimmt auf ein Quart reines Wasser drey Hände voll Kirschblätter und läßt dieses zusammen bis auf ein Viertel Quart einkochen, gießt sodann das Wasser von den Blättern ab, läßt es erkalten und thut etwas Salz hinzu. Mit diesem Wasser feuchtet man den geschnittenen Taback an und drückt ihn in eine Dose ein, man muß ihn aber einen Tag um den andern umrühren, damit er nicht schimmlicht wird und ihn dann wieder eindrücken. Durch diese einfache Zubereitung, die

1793 bekannt gemacht wurde, bekommt der Taback einen sehr guten Geschmack und Geruch c).

a) Joh. Neander Tabacologia Lugd. Bat. 1626. p. 242. b) Beckmanns Technol. 1787 S. 222. c) Reichsanzeiger 1793 Nr. 139 S. 1215.

Tabacksschneidemaschine. Um den Taback geschwind und nach den verlangten Maaßen mehr oder weniger fein zu schneiden, hat man bereits auf verschiedene Mittel gedacht, wovon auch einige in den Tabacksfabriken schon gebraucht werden. Dahin gehören die sogenannten Schneideladen, auf denen zwar eine ansehnliche Menge Taback in kurzer Zeit geschnitten wird, welches jedoch nicht ohne die Kraft der Menschenhände, wodurch das Schneidemesser regiert werden muß, geschehen kann. Um dieser Beschwerlichkeit abzuhelfen, hat ein gewisser Künstler in der Gegend um Wittenberg, der vom Zimmerwesen und Mühlenbau Geschäfte macht, vornemlich aber viel Fähigkeit zur Erfindung und Verfertigung allerley Modelle von Maschinen besitzt, eine Maschine zum Tabacksschneiden erdacht und das Modell davon bereits sauber verfertiget, wodurch die bisherige gewöhnliche Arbeit des Tabacksschneidens auf eine erstaunende Weise erleichtert und befördert wird. Die Beschreibung dieser Maschine findet man im

Wittenberg. Wochenblatt 1773 6. Band 1. Stück S. 1.

Tabacksdosen oder Tabatieren sind im 17ten Jahrhundert aufgekommen. Auf einem Gemälde aus diesem Jahrhundert sieht man einen Herrn, der in der rechten Hand eine Art von Kugel hält, aus wel-

welcher er durch eine kleine Röhre Taback auf den
Rücken der linken Hand schüttet und ihn so an die
Nase bringt a).

Herr Martin, ein geschickter Lackirer zu Paris,
hat im Jahre 1740 die Kunst erfunden, Dosen,
Schachteln u. s. w. von geleibtem Papier zu verfertigen b).

Die Schnupftabacksdosen von Leder, die dem
Schildkrot ähnlich sehen und fast gleich kommen,
erfand der Schottländer Thomas Clark und sein
Sohn zu Edinburg im Jahr 1756, worüber er
von dem König Georg II in England, ein Privilegium auf 14 Jahre erhielt. Flachat sahe dergleichen Dosen schon vor 1766 auch in Bologna verfertigen. In Stettin verfertiget sie der Soldat
Kaspari von der Leibcompagnie des von Winterfel-
dischen Regiments c).

a) Pandöra 1788. b) Jacobson Technol. Wörterb.
III. S. 192. c) Ebendas. II. S. 578.

Tabacksmühle, auf welcher der Taback zugleich gerieben und durchgesichtet wird, hat Herr Cammas
de Rodez in Paris erfunden.

Lauenburgischer Genealogischer Kalender 1776. S. 125.

Tabackspfeifen. Der spanische Mönch Roman
Pane oder Pano beschrieb zuerst im Jahr 1496 die
zweyzackigte Tabackspfeife, die er bey den Bewoh-
nern von St. Domingo gesehen hatte. Die Wilden in Panama wickelten ein Blatt Taback dicke
zusammen, zündeten es an einem Ende an und
und ließen sich durch das untere Ende den Rauch
von einem Knaben ins Gesichte blasen. Die Wilden

den in Canada halten eine große mit allerley Bändern und bunten Läppchen gezierte Tabackspfeise,
die sie Calumet nannten a). In Holland rauchte
man 1570 noch aus kegelförmigen von Palmblät-
tern zusammengeflochtenen Röhren b).

Im Jahr 1585 sahen die Engländer zuerst thö-
nerne Pfeifen bey den Wilden in Virginien, so
viel damals durch Richard Greenville davon entdeckt war. Es scheint auch, daß die Engländer
bald darauf die ersten thönernen Pfeifen in Europa
verfertiget haben c).

D. Johann Jacob Franziscus Vicarius, ein
östreichischer Arzt, erfand im J. 1689 die Pfei-
fenröhre, welche eine Schwammbüchse haben und
zeigte, wie man vermittelst eines in Eßig getauch-
ten Schwamms den Taback gemächlicher und mit
weniger Nachtheil für die Gesundheit rauchen könne; doch hatte man schon im Jahr 1670 Pfeifen
mit einer gläsernen Kugel, um die öligte Feuchtigkeit darinn zu sammeln d).

Der Gebrauch, den Tabacksrauch erst durch
das Wasser gehen zu lassen, ist bey den Persern
aufgekommen, welches Veranlassung gegeben hat,
auch in andern Ländern gläserne Tabacksmaschinen
einzuführen e).

a) Jablonskie Allgem. Lex. Leipzig 1767. II. S. 1511
b) Beckmanns Technol. 1787. S. 216. c) Camdeni Annal. rer. Anglicar. et Hibernicar. regnante
Elisabetha. Londini. 1615. p. 388. ad ann. 1585.
d) Beckmanns Technol. 1787. S. 219. e) Jablonskie a. a. O. II. S. 1512.

Tabackse

Tabackspfeifen-Fabrik, die erste war in der holländischen Stadt Goudau oder Ter-Gau.

Antipandora I. S. 461.

Tabackschau, wodurch man die Verfälschung und Betrügereyen mit dem Taback zu verhüten suchte, wurde 1659 in Nürnberg angelegt.

Kleine Chronik Nürnbergs. Altdorf. 1790. S. 35.

Tabellen, anatomische s. Anatomie; astronomische s. astronomische Tabellen.

Tachenius (Otto) s. Pathologie, sal volatile.

Tachygraphie, Geschwindschreibekunst, ist die Kunst, durch willkührlich angenommene sehr einfache Zeichen oder einzelne Buchstaben, welche ganze Wörter bedeuten, die Reden andrer vollständig nachzuschreiben. Man nennt solche Zeichen Abbreviaturen oder Abkürzungen und leitet ihren Ursprung von den Egyptiern her, welche durch gewisse Figuren, Züge und Bilder, die man Hieroglyphen nennt, Sachen, Handlungen, Leidenschaften u. s. w. bezeichneten. Abkürzungen im Schreiben hatten schon die Hebräer a); auch bey den Griechen fand man sie frühzeitig; einige meynen, daß sie schon vor den Zeiten des Socrates zu Athen bekannt gewesen wären b), andere aber behaupten, daß Xenophon, der um 3583 berühmt war und noch mit dem Socrates lebte, zuerst Zeichen oder Noten für die Wörter zum Geschwindschreiben erfunden und sich vermuthlich der Buchstaben hierzu bedient habe c). Auch vermuthet man, daß Kallikrates von Lacedämon, der etliche Verse aus dem Homer auf ein Hirsenkorn einschnitt, und Myr-
mecy-

meenbes von Mileto sich bey ihren Kunstwerken nicht der gewöhnlichen Schrift, sondern gewisser von ihnen erfundenen Zeichen oder Noten bedient haben (s. Kryptographie).

Bey den Römern legt Plutarch dem Cicero die Erfindung willkührlicher Zeichen zur Tachygraphie bey. Auch Kiro, ein Freygelassener des Cicero, erfand eine ganze Sammlung solcher Zeichen und schrieb damit eine Rede des Cato nach, obgleich Cato sehr schnell redete d). Von den Abbreviaturen, welche Ennius, Mäcenas und seine Freygelassenen, besonders Aquila, ferner Seneca u. a. m. erfanden, ist bey dem Worte Kryptographie mehreres zu finden. Auch Quintilians Reden wurden vermittelst der Abbreviaturen nachgeschrieben e). Mehreres von den Abbreviaturen der Römer findet man bey dem Valerius Probus.

Die Notarien bekamen ihren Namen von den Noten, deren sie sich zum Geschwindschreiben bedienten; der Kayser Justinian schaffte aber den Gebrauch der Abbreviaturen wieder ab, weil sie in der Auslegung leicht falsch gedeutet werden konnten f).

Die Deutschen sollen sich erst im zehnten Jahrhundert der Abkürzungen bedient haben g).

Caspar Cruciger war ein berühmter Geschwindschreiber; er schrieb in Wittenberg Luthern alle Worte nach, so daß keins fehlte h).

Der Engländer Karl Aloysius Ramsay erfand eine Methode, so geschwind zu schreiben, als man spricht;

spricht; im Jahr 1681 kam in Leipzig eine kurze Anweisung zu seiner Kunst heraus und 1743 wurde sein Werk ins Deutsche übersetzt i). Unter den Engländern wurde die Tachygraphie besonders durch Johann Will, Thomas Skelton, Johann Willke und Jeremias Rich excolirt.

Herr Dupont, Geschwindschreiber des hingerichteten Herzogs von Orleans, schreibt so geschwind, als man spricht. Das Alphabet, dessen er sich hierzu bedient, besteht aus 40 Zeichen oder Buchstaben. Das Alphabet nebst der Erklärung, in allen Sprachen die Geschwindschreibekunst ohne Meister zu erlernen, kostet einen Laubthaler und war 1787 zu Paris im hotel de Bourbon, rue platriere zu haben k). Ebenderselbe hat 1790 die Entdeckung gemacht, wie man lange Zeit ohne Licht und doch mit der größten Genauigkeit schreiben könne. Er schreibt auch mit verbundenen Augen in vier Minuten zwey Seiten in Duodez, jede zu 24 bis 30 Linien und liefet sie gleich wieder durch, ohne eine Sylbe auszulassen l).

Am 7. Jun. 1790 wurde von Paris aus geschrieben: „man hat hier die Kunst erfunden, so geschwind zu schreiben, als man spricht. Man bedient sich dabey keines Systems von Abkürzungen, keines Alphabets von Sylben, sondern einer andern Methode, die so leicht ist, daß sie jeder in vier Wochen vollkommen lernen kann. Der Erfinder wurde am 5ten desselben Monats der National-Versammlung vorgestellt m) Dieses Geheimniß, eine jede öffentlich ausgesprochene Rede, ohne alle
tachy-

tachygraphiſche Künſte, ohne alle Abbreviaturen und für jedermann, der leſen kann, leſerlich nach-
zuſchreiben, welches der National - Verſammlung unter dem Siegel der Verſchwiegenheit anvertraut wurde, glaubt auch ein gewiſſer Herr Allement, Mitglied der Wiſſenſchaften und Künſte zu Metz ſchon am 22. Nov. 1739 gefunden zu haben und er war uneigennützig genug, es ſeiner Geſellſchaft in einem Discours zu entdecken. Es beſteht dar-
inn: Man ſetzt vier — mehrere oder wenigere, je nachdem ſie geübt ſind — Schreiber an einen runden Tiſch, alle haben gleich geſchnittene und gleich liniirte Bogen Papier vor ſich, der erſte faßt eine Phraſe, die etwa eine Zeile füllt, ſtößt den andern ſodann ſanft mit dem Fuße, der dann die andere Phraſe faßt und niederſchreibt, und ſo geht es immer fort im Kreiſe herum, am Ende legt man die vier Bogen neben einander und lieſet, auf dieſe Art findet man die ganze Rede wieder. Uebung muß das Beſte thun, und kleine Einwendungen, die man noch machen könnte, weiß Herr Allement glücklich zu heben n). Auch wurde im Jahr 1792 gemeldet, daß Herr Coulon eine Art gefunden habe, ſo geſchwind zu ſchreiben, als man ſpricht o).

a) Wolfii Biblioth. Hebr. T. II. Lib. III. c. 3. §. 8. p. 575. b) Diog. Laërt Lib. II. 48. c) J. A Fa-
bricii Allg. Hiſt. der Gelehrſ. 1752. 2. B. S. 131. d) Plutarch. in vita Catonis Vtic. e) Quintil. Inſtitut. Lib. VII. c. 11. f) Halle fortgeſ. Magie III B. S. 379. g) Allgemeine Deutſche Biblioth. 101. B. 2. St. p. 580. h) Myconius in Hiſt. ref. c. 12. i) Jablonſkie Allgem. Lex. 1767. II. S. 1329. k) Allgem. Lit. Zeitung. 1787. Nr. 9. l) No-

l) Notice de l'Almanach Sous Verre des Aſſociés. Paris. 1790. S. 589. m) Frankfurter Kaiſerl. Reichs-Ober-Poſt-Amts-Zeitung vom 14ten Jun. 1790. Nr. 95. n) Gothaiſche gelehrte Zeitung. Ausländiſche Literatur. 1791. 1. St. S. 8. o) Erlanger gelehrte Zeitung 1792. 91. St. S. 759.

Tacken ſ. Pflaſter.

Tact wurde ſchon in alten Zeiten durch vier Athemholungen abgemeſſen und durch einen Schlag mit dem Fuße ſignirt, daher hernach in der Dichtkunſt das Sylbenmaaß nach Füßen eingetheilt wurde.

> Isaac Voſſius Libr. de Poëmat. cantu. p. 85.

Tactik oder Kriegsſtellungskunſt erfanden die Griechen oder unter ihnen die Athenienſer und Spartaner; doch ſind die Griechen in der hohen Diſciplin nicht als Muſter zu betrachten, denn dieſe wurde unter den alten Völkern nur allein von den Römern ausgeübt. Philipp und Alexander, Könige von Macedonien, waren die größten Tactiker ihrer Zeit und der erſte gab beſonders dem Phalanx die Geſtalt, wodurch er das Werkzeug ihrer großen Siege wurde.

Die Erfindung des Schießpulvers änderte das ganze Syſtem der alten Kriegskunſt. Man glaubte, daß die Kriegskunſt nach eingeführtem Kanonen und Flintenfeuer, das nicht mehr ſeyn könnte, was ſie zu den Zeiten der alten Griechen und Römer geweſen war. Die Krieger, die ſonſt mit dem Degen in der Fauſt unüberwindlich geweſen waren, verloren unter dem anhaltenden Feuerregen des Geſchützes alle Geiſtesgegenwart. Man glaubte, daß man dem fürchterlichen Töne des feindli-

Buſch Handb. d. Erf. 7. Th.   B   chen

then Geschützes Kanonen von gröberen Stimmen entgegenstellen, die Truppen auf Bodenarten, die sie vor dem feindlichen Geschütze sicherten, postiren, und, um das Blut des Soldaten in Wärme zu erhalten, ihn früher, als es die Schußweite der Flinte fordert, mit seinem eignen Musketenfeuer beschäftigen müsse. Man übte daher die Soldaten im Geschwindschießen und verabsäumte jene Bewegungen ganz, wodurch sich die alten Griechen in Schlachten den großen Vortheil verschafften, Boden zu gewinnen. Man dachte nun an die Vermehrung des Flinten = und Kanonenfeuers und brachte es an solchen Orten an, welche im ausspringenden Winkel die Seite und den Rücken der vorschreitenden Feinde beherrschten. Nunmehr betrachtete man das Fußvolk mit dem untergemischten Geschütze nicht mehr, als den thätigen Theil eines großen gelenksamen Körpers, sondern als eine wandernde Festung. Die einsichtsvollesten Feldherren glaubten, in Schlachten nicht anders siegen zu können, als wenn sie den Angriff auf gewisse Standpunkte hefteten, auf deren Eroberung ein Heer, wenn es sich gehörig unterstützt weiß, mit einem Eigensinne besteht, den man für Tapferkeit halten sollte. Die französischen Feldherren unter Ludwig XIV und XV schlugen alle auf diese Art.

Diese Idee führte auf die einfache Regel, Schaaren hinter Schaaren in Colonnen zu ordnen. Um die zum Angriffe bestimmten Colonnen zu unterstützen, entzog man dem Treffen zwei Drittheile des Heeres und suchte die feinsten Griffe der Verblendung

dung hervor, den Zusammenhang der Unterstützung
ungestört zu unterhalten. Der Anblick des Kno-
tens, der diese drey Sätze unzertrennlich verband,
entdeckte sogleich in allen europäischen Kriegsheeren
den Mangel jener künstlichen Fassungen, Entwickelungen und Bewegungen der griechischen Tactik,
welche man seit Erfindung der Feuergewehre als
entbehrlich vernachlässiget hatte, und nun wurde der
Krieg nach Karls VI Tode der merkwürdige Zeit-
punkt, wo die Tactik wieder erstand.

Der König von Preussen, Friedrich II, war
der erste, der sein Kriegsheer in jenen Fassungen,
Entwickelungen und Bewegungen der Taktik übte
und zu seinem Gebrauche ein eignes System der
Kunst der Feldschlachten erschuf. Er mußte daher
jedem einzelnen Soldaten den Satz einprägen, daß
die Geschwindigkeit der Füße allein den Sieg ent-
scheide und daß die Arme dabey weiter nichts zu
thun hätten, als ihn, nachdem er war entschieden
worden, an ihre Fahnen zu heften. Diese Geschwindigkeit befestigte die Grundregel Friedrichs,
nur einen Theil des Kriegsheeres dem Angriffe zu
widmen, zwey Theile dem Gefechte zu entziehen
und durch Blendwerke dem Feinde den Punkt zu
verstecken, wo der Angriff ausbrechen sollte. Die
Gewohnheit der französischen Feldherrn, die Gefechte auf gewisse Standpunkte zu heften, bekam
durch ihn die Gestalt einer Kunst, welche ihm in
der schiefen Schlachtordnung des Epaminondas
viele Lorbeeren bereitete.

Das System seiner Feldschlachten blieb lange
unüberwindlich bis der siebenjährige Krieg die Epo-

che

che der vollkommenen Wiederherstellung der Tactik
wurde, wo unter den Händen eines Daun, Lasey,
Haddick, und Laudon die Lagerkunst, die Kunst
der Märsche und jener Theil der Tactik zur Vollkommenheit gedieh, welcher der Kunst der Feldschlachten dienstbar ist.

Die für die Preußen unglücklichen Schlachten
bey Planian und Frankfurt an der Oder verbreiteten ein helles Licht über die Tactik. Hier sahe
man mit Erstaunen, daß die schiefe Schlachtordnung des Königs von Preußen bey Planian an ihrer unbedeckten Schwäche von vorne, hingegen bey
Frankfurt an der Oder auf der linken Seite und
von hinten angegriffen und überwältiget wurde.
Man bemühete sich, die Ursachen dieses Siegs in
einem der verborgensten Sätze der Tactik älterer
Zeiten zu suchen und glaubte, das scheinbarste
Muster dieses Sieges in einer der Schlachtord-
nungsregeln des griechischen Kaisers Leo zu finden.
Nun wandte man dieselbe auf alle Thaten der Tactik
und der Strategie des siebenjährigen Kriegs an.

In dem Feldzuge von 1778. setzten Josephs
Feldherrn ihr ganzes Vertrauen auf die Lagerkunst
und der Erfolg hat gezeigt, daß sie solche bis zur
größten Vollkommenheit gebracht haben.

In dem noch dauernden Kriege Frankreichs haben die Franzosen in den Schlachten sich hauptsächlich des vermehrten Kanonenfeuers, indem sie
mit den Kanonen Pelotonweise feuern ließen, und
der vielfach hinter einander allezeit mit frischer
Mannschaft wiederholten Angriffe bedient und dadurch

durch den Sieg gleichsam erzwungen. Vergl. Kriegskunst, Quarré.

Tactisches Spiel s. Schachspiel.

Tactmesser s. Zeitmesser.

Tadda (Franzistus Ferrucci Del) s. Marmor, Porphyr, Stahl.

Tafeln s. Rudolphinische.

Tafetas agglutinatif, der besser als englisches Pflaster ist und auch Brandwunden heilt, erfand Herr Vaillant der jüngere in Paris.

Gothaischer Hof-Kalender. 1791. S. 65.

Tast (Andreas) s. mussivische Kunst.

Tag. Die Gewohnheit einen jeden Tag in der Woche mit einem Planeten zu bezeichnen, schreiben einige den Egyptiern a), andere den Chaldäern, nemlich dem Zoroaster und Hystaspis, zu b).

a) Herodot II. nr. 82. b) Salmas. de ann. climactes p. 595. 596.

Taggleichen s. Nachtgleichen.

Taille (Jean de la) s. Schauspiel.

Talglichter s. Lichter.

Talkstein. Der Baron von Tott hat gefunden, daß er bessere Dienste thue, als Del, Seife u. s. w. um das Reiben bey allen Arten von Maschinen zu verhüten. Vom Talkstein schwillt das Holzwerk nicht auf, wie von der gewöhnlichen Seife, er bewahrt länger vor dem Abnutzen und befördert die Bewegung bey Holz auf Metall besser.

Allgem. Lit. Zeitung. 1785. Nr. 262. Lichtenbergs Magazin III. B. 4. St. S. 209. 1786.

Talus f. Dreheisen, Säge, Töpferscheibe, Zirkel.

Tambourinsticken ist eine Art von Stickerey, die in gewissen Arbeiten Leichtigkeit und Richtigkeit verschaft und vor einigen Jahren durch einen gewissen Herrn du Poir in Deutschland eingeführt worden ist. Es ist eine Art von Kettelstichen, so wie man sie in der so genannten weißen Dresdner genäheten Arbeit findet. Ihre nähere Beschreibung findet man in

Jacobsons Technol. Wörterbuche. IV. S. 368.

Tamerlan f. Schachspiel.

Tamyras f. Cyther, Musik, Philosophie, Tonart.

Tanaquil f. Kleider.

Tanaus f. Kriegskunst.

Tangente ist eine gerade Linie, die perpendicular auf dem halben Diameter des Zirkels steht und bis an den durch das Ende des Bogens verlängerten Radium geht. Tangens curvae oder Tangente der krummen Linie ist eine gerade Linie, die die krumme in einem gegebenen Punkte berührt.

Johann Müller aus Königsberg in Franken († 1476.) hat den Gebrauch der Tangenten zuerst in der Trigonometrie eingeführt a).

Cartesius hat zuerst eine allgemeine Regel gegeben, wie man aus der gegebenen Eigenschaft einer krummen Linie die Tangenten derselben finden kann b).

Hughens (gest. 1695.) verbesserte, nebst dem de Sluse und Hudde, des Fermät Methode der Tangenten.

Isaac

Isaac Barrow (dessen geometrische Vorlesungen 1669. erschienen) bahnte in seiner Methode der Tangenten den Weg zur Differentialrechnung.

Auch Leibnitz machte sich um die Lehre von den Tangenten verdient.

a) Kleine Chronik Nürnbergs. Altdorf. 1790. S. 38.
b) Wolf mathemat. Lex. 1716. Leipzig. 893. und 1363.

Tansillo (Luigi) s. Sonnet.

Tanzkunst ist die Kunst, die verschiedenen Pas regelmäßig zu machen und nach der Kadenze, mit einem guten Anstande des Körpers und gutem Tragen der Arme, zu verbinden. Erst mußte man viele einzelne Tänze kennen, ehe man an die Bildung der Tanzkunst denken konnte. Der Ausbruch froher Empfindungen, der so leicht unwillkührliche Bewegungen des Körpers verursacht, konnte dem Menschen zuerst zeigen, daß er Anlage zum Tanz hatte; die Erfahrung lehrte dann Regeln und so konnte diese Naturgabe ausgebildet werden. Der heilige Tanz ist der älteste, daher Menestrier den Ursprung des Tanzens überhaupt vom Gottesdienste, von den öffentlichen Aufzügen und von dem Freuden-Gepränge der Alten herleitet a). Mirjam, die Schwester Mosis b), die Juden, welche um das güldene Kalb tanzten c), Jephtha, die ihrem Vater entgegen gieng d), die Weiber, die dem Saul tanzend entgegen kamen e), David, der vor der Bundeslade hertanzte f), geben Beyspiele von jenen Tänzen, die mit Musik und Gesang begleitet waren.

Bey

Bey den Alten waren Proteus, Empusa, die Corybanten, Castor und Pollux, Orpheus, Musäus und Bacchus als Tänzer berühmt. Besonders leitet Lucian, in seiner Abhandlung vom Tanzen, die Tänze vom Musäus und Orpheus her g). Das Bacchusfest der Griechen wurde mit wilden Tänzen gefeyert h), welche Orgia hießen; auf den Schaubühnen tanzten anfangs die Satyren dem Bacchus zu Ehren i).

Athenäus k) schreibt die Erfindung des Tanzens der Stadt Sicyon, andere aber der Stadt Lacedämon zu l).

Nach den heiligen Tänzen war der Waffentanz der älteste, wo man im Harnisch, mit dem Spieß in der einen und mit dem Schild in der andern Hand, bey kriegerischer Musik, tanzte. Den Waffentanz erfanden die Cureter m), welche Priester der Cybele waren; er war sehr lärmend, denn es wurde dabey gesungen, mit Instrumenten gespielt n) und mit den Spießen wider die Schilder geschlagen o). Dieser Tanz sollte das Lärmen vorstellen, das man bey der Geburt des Jupiters gemacht, damit Saturn sein Weinen nicht hören und ihn fressen möchte p). Castor und Pollux und die Jünglinge, die mit ihnen 2721 n. E. d. W. auf die Eroberung des goldenen Vließes ausgiengen, tanzten auch den Waffentanz und Minos der Gesetzgeber verordnete, daß die Jugend, die in Kreta auf öffentliche Kosten erzogen wurde, in der Waffenrüstung tanzen mußte, um sie hart und kriegerisch zu gewöhnen q).

Auch

Auch der pyrrhichische oder pyrrhische Tanz, den Pyrrhus in Creta r), ein Sohn des Achilles, zum Andenken des Siegs über den Euripilus stiftete, den er getödet hatte, war ein Waffentanz, denn die Tänzer mußten mit allen Stücken gewafnet seyn s). Phrynicus tanzte den Pyrrhischen Tanz so schön, daß er einmal dadurch den Regiments-Stab zu Athen erhielt. Dieser Waffentanz war zu Ende des 16ten Jahrhunderts noch in Deutschland Mode t).

Auch der zierliche, belustigende Tanz ist bey den Griechen so alt, daß sie die Erfindung der Bälle und Tänze der Muse Terpsichore, aber die Erfindung der Tanzkunst überhaupt der Muse Erato zuschrieben. Hermes verliebte sich in die zierlich tanzende Polymele u).

In den alten Zeiten tanzten bey den Griechen Männer und Weiber von einander abgesondert oder jedes Geschlecht für sich. Als aber Theseus von Athen sieben Jünglinge und sieben Mädchen, die die entgegengesetzte Art zu tanzen vom Dädalus selbst gelernt hatten, aus dem Labyrinth des Dädalus befreyete und nach Griechenland brachte; so wurde sie auch in Griechenland eingeführt v). Auf dem Schilde des Achilles war ein solcher Dädalustanz abgebildet w); Jünglinge, mit dem Degen an der Seite, und Mädchen tanzten ihn mit verschlungenen Armen, drehten sich bald in schnellen Kreisen herum, bald liefen sie reihenweise gegen einander. Andere machen aber den Theseus selbst zum Erfinder dieses Tanzes und sagen, daß

er

er, zum Andenken seines Siegs über den Mino-
taurus, bey der Rückkehr in sein Vaterland, mit
seinen Gesellschaftern einen Tanz um den Delischen
Altar eingeführt habe, der eine Nachahmung des
Labyrinths war, daher man den Theseus zum Erfinder der figurirten Tänze macht x). Zwey Tänzer stimmten dazu den Gesang an und drehten sich
durch die Reihen. Dieser Tanz wird auch der
Tanz der Ariadne genannt, weil Ariadne, die
Tochter des Königs Minos zu Kreta, dem Theseus,
einem Sohne des Königs Egeus von Athen, aus
dem Labyrinth zu Kreta half. Dieser Tanz ist der
älteste, der auf unsre Zeiten gekommen ist und noch
jetzt werden in Konstantinopel und in ganz Griechenland die Bälle damit eröfnet. Die Zahl der
Personen ist dabey nicht bestimmt; je mehrere ihrer sind, desto besser lassen sich die Irrgänge des
Labyrinths beschreiben y). Theseus führte auch
den Kranichtanz ein z). Noch älter ist aber bey
den Griechen der Weinlesetanz aa).

Bey dem Homer bb) findet man den kybisti-
schen Tanz als den ältesten. Er gedenkt auch eines
Tanzes zum Ballspiel cc). Bey den Hochzeiten
der Griechen tanzten Männer und Weiber im Hause
dd), aber am Abend, wo die Braut ihrem Manne
zugeführt wurde, wurde sie von einem Chor tanzender
Weiber und Jünglinge begleitet und die Weiber
führten beym Klange der Cither den Tanz an ee).

Die Kreistänze erfand der Dichter Alcman,
der um die 27. Olymp. berühmt war ff); Sui-
das aber schreibt die Anordnung der Kreistänze dem
Arion, einem Schüler des Alcmanus zu gg).

Die

Die Tanzarten der Alten waren die Lacunische, Troezenische, Epiriphyrische, Cretensische, Jonische, Gaditanische u. a. m.

Die feyerlichen Chortänze um den Altar und um den ganzen Tempel zu Delphi führte Pilamnon zuerst ein hh). Das Tanzchor gieng rechter Hand um den Altar und um die Bildsäule, das wurde Strophe genannt. Linker Hand aber kehrte das Tanzchor zurück, das hieß Antistrophe; beydes geschah ununterbrochen und nur ein einzigesmal. Stesichorus, sonst Tisias genannt, führte zwischen der Strophe und Antistrophe die Epode ein, das ist, eine Pause im Tanz, in welcher der Theil des Chors vor der Bildsäule einen dritten Satz anstimmte ii).

Cleophantes, Thebanus und Aeschylus haben auch viele Tanzarten erfunden, die man, wie Athenäus meldet, βαλλισμος nannte, woraus vielleicht das französische Wort Ballet und das italienische Balli entstand. Einen besondern Tanz, Namens Tölestas, beschreibt Marcialis kk).

Plato theilte die Tanzkunst in die Orchestik, zu welcher er die Tänze rechnet, die gelassen, sanft und voll muscalischer Harmonie sind, wie man sie bey Hochzeiten, Gastmalen und beym Gottesdienste brauchte; und in die Palästrik ein, welche die heftigen, gewaltsamen und mühsamen Tänze begriff, die auf der Schaubühne und in der Rennbahn gebräuchlich waren.

Der Pythagoräer Memphis drückte die Pythagotische Philosophie, die hauptsächlich ihren Verehrern ihnen erst ein mehrjähriges Stillschweigen auflegte, durch einen Tanz schöner aus, als man es durch Worte hätte thun können ll).

Bey den Römern hatte schon Romulus die Salios Martis oder die Priester des Kriegsgottes Mars, eingeführt, die im Monat März einen Kriegstanz tanzten mm), der aber im Grunde nur ein figurirter Gang war, wobey sie mit den Dolchen auf die Schilde schlugen; der Erfinder dieses Tanzes war Arcas Salius nn). Andere meynen aber, daß erst unter dem Numa Pompilius der Salische Tanz aufgekommen sey, indem Numa selbst unter den Patriciern zwölf Jünglinge auslas, die die zwölf Schilde bewahrten, unter denen auch derjenige war, der nach des Numa Vorgeben vom Himmel gefallen war und von dem die Erhaltung des römischen Reichs abhängen sollte. Diese Schilde wurden im März von diesen zwölf tanzenden Priestern um die Stadt herum getragen oo).

Die Römer nahmen in der Folge die griechischen figurirten Ballets auf und nannten sie Mimen pp). Der Alexandriner Bathyllus erfand den italischen Tanz oder er führte den pantomimischen Tanz in Italien ein. Pylades verbesserte ihn und war der erste, der in Rom auf dem Theater, nach dem Töne vieler Flöten und nach dem Gesange des Chors tanzte. Vor ihm bediente man sich nur einer Flöte beym Tanz. Lucian berichtet, daß der Tanz unter dem August, wo Pylades lebte, zur Vollkommenheit gediehen sey qq).

Im 15ten Jahrhundert hob sich die Tanzkunst in Italien wieder. In Mayland wurde zu Anfange

fange des 16ten Jahrhunderts, bey der Anwesen-
heit Ludwigs XII, ein Ball gegeben. Im Jahr
1562 gab man zu Trident, dem König von Spanien Philipp II. zu Ehren, der sich bey der Kirchenversammlung einfand, einen schönen Ball.
Diese Tänze sollen bis zu Ende des 16ten Jahrhunderts in Italien gebräuchlich gewesen seyn rr). Der
Tanz, den die Franzosen Gagliarde, Gaillarde,
Romanesque, die Italiener aber Saltarello nen-
nen, wo man bald nach der Länge, bald nach der
Queere des Tanzsaals, bald mit Schleifen der Füße
auf der Erde, bald mit Capriolen tanzet, soll auch
seinen Ursprung aus Rom haben ss). Zur Zeit
der Könige von Frankreich Franz I und Heinrich II.
kamen die italienischen Tänze mit den Königinnen
Eleonora von Oestreich und Catharina von Medicis
nach Frankreich und Margaretha von Palois, Tochter
der Catharina von Medicis, gab dem jungen Adel ein
Beyspiel, daß die vorher nur traurigen Ceremonien-
Bälle bald wirkliche Lustbarkeiten wurden tt).
Die Franzosen erfanden die Menuetten, Gavotten,
Bourreen und Kouranten; auch Beauchamp soll
Erfindungen in der Tanzkunst gemacht haben uu).

Die Engländer erfanden die englischen Tänze.
Zu der Mitte des Jahrs 1790 kam unter mehreren
großen Familien in England eine ganz neue Art von
Luxus auf, bey Gelegenheit der Bälle, die sie sich
unter einander zu geben pflegen. Sobald in den
zum Tanz bestimmten Sälen die Decken vom Fußboden weggenommen sind, muß ein Künstler selbigen, vermittelst gemeiner französischer Kreide, mit
allerley Blumen, Festons und andern Zierrathen
aus-

auszieren. Dadurch gewinnt nun der sonst bloße, ungezierte Fußboden etwas angenehmes für das Auge und verschaft selbst den Tänzern und Tänzerinnen eine willkommene Bequemlichkeit. Die Kreide sichert nemlich selbige gegen das leichte Ausgleiten auf den, gewöhnlich eine starke Glätte habenden Fußböden, besonders wenn die Bedeckung derselben aus feinen fremden Holzarten besteht. Ueberdieß sind diese Kreidezierrathen auch ziemlich dauerhaft und verlieren sich sobald nicht wieder, so daß sie bey Pausen im Tanzen und auch nachher noch sehr schön aussehen. Im Jahr 1791 bezahlte Lord Courtenay, auf seinem Landsitz Powderham, einem Künstler 100 Guineen oder 600 Rthlr. dafür, und im Jahr 1793 kostete es einem andern englischen Großen sogar 120 Guineen oder 720 Rthlr. vv).

Den Ta–vou oder den großen Tanz bey den Chinesen führte ihr Regent Yue–khang, um der Gesundheit willen, ein ww). vergl. Ballet, Menuet, Pantomime u. s. w.

a) Meneſtrics Ballets anciennes et modernes ſelon les regles du Theatre. p. 8. 9. 10. Paris. 1682. b) 2 Moſe 15, 20. c) 2 Moſe 32, 19. d) Richter 11, 34. e) 1 Sam. 18, 6. f) 1 Chron. 15, 19. 2 Sam. 2, 14. 16. g) Peter Bayle Hiſtor. krit. Wörterbuch I. 479. a. h) Eurip. Bacchant. v. 78. i) Bayle a. a. O. k) Athenaeus I. p. 14. l) Bayle Hiſt. krit. Wörterbuch. II. S. 304. b. D. m) Plin, H. N. Lib. VII. ſect, 57. n) Voſſ. Inſtit. poët. Lib. III. c. 13. o) Diodor. Sic. V. 65. Lucrec. II. 629. Ovid. Faſt. IV. 210. Univerſal. Lex. VI. p. 1870. p) Bayle a. a. O. I. 479. a. q) Seybolds Mythologie. S. 342. r) Plin. H. N. VII. ſect.

ſect. 57. s) Bayle III. 1743. S. 751. t) J. A.
Fabricii Allg. Hiſt. der Gelehrſ. 1752. 2. B. S. 931.
u) Homer. Il. k. 183. v) Pope Anmerkung zu
Homer Ilias 18. v. 587. W) Hom. Il. 18 v. 597.
598. x) Scaliger Poëris. Lib. I. c. 8. und 19. y)
Der Wundermann, eine Volksſchrift für Wißbegierige. Eiſenach, bey Wittekind. 1788. S. 609 bis
614. wo dieſer Tanz beſchrieben wird. z) Plutarch.
in Theſ. Oper. B. 1. S. 9. D. Francof. 1620.
aa) Sulzers Theorie der ſchönen Künſte. I. S. 517.
Zweyte Ausgabe. bb) Hom. Odyſſ. IV. v. 100 f.
cc) Hom. Odyſſ. VI. dd) Hom. Odyſſ. Ψ. v. 120.
147. ee) Heſiod. A v. 273. ff) Clem. Alex. Stromat. Lib. I. p. 308. gg) Forkels Geſchichte der
Muſik. 1. Th. S. 294. hh) Ebendaſ. S. 215. 265.
ii) Ebendaſ. S. 295. kk) Martial. de arte gymnaſtica. Lib. II. c. 6. ll) Athenaeus Lib. I. J. J.
Heſſmanni Lex. univ. Continuat. Baſil. 1683. T. II.
p. 213. mm) Plutarch. I. S. 268. nn) Iſid. Orig.
Lib. 18. c. 10. oo) Forkels Geſch. d. Muſik. I.
S. 482. pp) Meneſtrier. l. c. qq) Bayle a. a.
D. III. 1743. S. 740. a. rr) Pandora oder Kalender des Luxus und der Moden. 1787. S. 32. folg.
ss) Jabloneſie allgem. Lex. 1767. I. 494. tt) Pandora a. a. O. S. 37. 38. uu) J. A. Fabricii Allgem. Hiſt. d. Gelehrſ. 1752. 1. B. S. 242. vv)
ReichsAnzeiger. 1793. Nr. 127. S. 1103. 1104.
ww) Goguet vom Urſprunge der Geſetze. III. S. 267.

Tanzmaſchine, Drehmaſchine. Ein Schmidt in
Elberfeld hat eine Maſchine erfunden, durch welche
ein Menſch ſo viele Schnurriemen machen kann,
als kaum zwölf fleißige Menſchen liefern können.
Eilf oder zwölf Spulen von verſchiedentlich gefärbten Fäden, werden ſo tactmäßig durch einander gedreht, daß ſie einen ordentlichen Reihentanz vor
ſtellen und den ganzen krummen Weg durchmeſſen,

indeß

indeß sie ihre Fäden auslaſſen, die ſich in Schnür-
riemen verbinden.

Journal für Fabrik, Manufacturen, Handlung und
Mode. 1795. April S. 267.

Tanzmeiſter.   Die erſten Tanzmeiſter kommen unter
Ludwig XIV im Jahr 1659 vor, wo er durch ein
Edict eine Communauté von Tanzmeiſtern und In-
ſtrumentſpielern errichtete, deren Oberhaupt le Roi
des Violons hieß.   Der erſte, der dieſen Titel führt-
te, war Wilhelm Dumenoir.

Gothiſcher Hof-Kalender. 1784. Antipandora. 1789.
III. S. 216.

Tapeten.   Binſen und Stroh-Matten waren die
erſten Tapeten, womit man die Mauern eines Zimmers behieng.   Die Farben des Strohs waren ſo
künſtlich und geſchmackvoll gewählt und unter einander gemiſcht, daß die Matten einen ſchönen Anblick verurſachten.   Man erhält noch welche aus
der Levante, die von ſehr feiner Arbeit und im
Preiſe ziemlich hoch ſind; ſie werden wegen der
Lebhaftigkeit ihrer Farben und der Schönheit ihrer
Zeichnungen ungemein geſchätzt.   Die Tapetenwe-
berey überhaupt, ſo wie die Kunſt, Figuren von
allerhand Farben in die Stoffe einzuweben, erfanden die Aſſyrier, beſonders die Babylonier; aber
die Kunſt, Tapeten mit der Nadel zu ſticken, wur-
be für eine Erfindung der Minerva, richtiger aber
der Phrygier gehalten; vergl. Stickerkunſt.   Bey
der Stiftshütte waren ſchon viele Teppiche a);
man vermuthet, daß Bezaleel und Ahaliab dieſel-
ben verfertigten b).

Die

Diejenigen Tapeten, in welche Gold eingewirkt war, erfand Attalus, ein König in Pergamus c), der 621 Jahre nach Roms Erbauung starb d).

Der Gebrauch der linnenen und seidenen Tapeten, in welche ganze Geschichten eingewebt wurden, steigt über 600 Jahre hinauf e).

Seit dem Jahre 1410 wurden die leinenen Tapeten übermalt, statt daß man, wie ehedem, die historischen Vorstellungen hätte hineinwirken sollen; denen Johann von Eyck aus Brügge brachte die altdeutsche Kunst, mit Oelfarben zu malen, zur Vollkommenheit. Eyck schickte seine meisten Stücke dem Könige Alphonsus V von Sicilien und dem Herzoge von Urbino. Man trift noch heut zu Tage in den niedern Kreisen Deutschlands eine ungeheure Menge Tapeten an, die mit dergleichen Malereyen geziert sind.

Die ledernen Tapeten sind auch ziemlich alt, aber jetzt ganz aus der Mode gekommen; man trift sie noch hin und wieder in altmodisch meublirten Zimmern an. Man schreibt ihre Erfindung den Spaniern zu. Die ersten Tapeten von vergoldeten und versilberten Leder, die man zu Paris sah, sollen in Flandern, Holland und England gemacht worden seyn.

Papiertapeten wußten die Sineser schon seit undenklichen Zeiten, vermittelst verschiedener hölzerner Platten und zwar mit Wasserfarben zu drucken. In Europa sind unter den Papiertapeten die bestäubten, die einem Plüsch ähnlich sehen, die ältesten; man verfertiget sie auf folgende Weise:

es werden erst Zeichnungen auf das Papier gemacht,
die man mit Leim bestreicht und dann klare gefärbte
Wolle darauf siebet. Nach dem Privilegium, welches König Karl I von England 1634 dem Jerome
Lanyer über diese Arbeit ertheilte, soll dieser
Lanyer die Kunst erfunden haben. Wolle, Seide
und andere Materialien von verschiedenen Farben,
auf Leinewand, seidene Zeuge, Cattun, Leder und
andere Sachen mit Oel, Kütt oder Leim zu befesti-
gen. In der Folge wandte man diese Kunst aufs
Papier an. Der Franzos Tierce behauptet aber,
daß der Franzos François zu Rouen schon 1620
und 1630 dergleichen Tapeten verfertiget habe, und
daß diese Kunst erst durch Franzosen, die wegen
der Religion nach England flüchteten, nach England gekommen sey. f) Um den Papiertapeten
eine Aehnlichkeit mit reichen Zeugen zu geben, die
mit Silber oder Gold durchwirket sind, hat man
schon zeitig den Glimmer oder das Katzensilber angewandt; nachher erfand der Nürnberger Johann
Hautsch (geb. 1595 gest. 1670) zu dieser Absicht
den nürnbergischen Streuglanz g) und seit dieser
Zeit wurden die Papiertapeten in Deutschland bekannt. Schon vor dem Jahre 1769 ließ Herr Ec-
card im Haag Papiertapeten von einer besondern
Erfindung verfertigen; er ließ sie so drucken, als
wenn sie mit Gold oder Silber durchwirkt oder ge-
stickt wären. Die gedruckten oder ausgemalten
Papiertapeten, welche mancherley Arten von Marmor, Porphyr und andere Steinarten vorstellen,
hat Herr Johann Gottlob Immanuel Breitkopf in
Leipzig zu einer großen Vollkommenheit gebracht;

er

er mußte aber, wegen seiner zu häufigen Geschäfte, diese Fabrik zu seinem Verdrusse wieder eingehen lassen. Der Erfinder der Arabesken-Papiertapeten ist Herr Windsor in Paris h).

Die türkischen Tapeten, deren Kette aus gedreheter starker Wolle besteht und die ein Sammetartiges Gewebe sind, das nach Art der Hauteliße gewebt wird, haben ihre Namen daher, weil sie aus der Türkey zu uns gekommen sind. Unter Karl Martel ließen sich nemlich bey dem Einbruche der Sarazenen in Frankreich einige sarazenische Tapetenweber zu Chaillot nieder, durch welche die dasige königl. französische Tapetenmanufactur ihren Anfang nahm, welche den Namen Savonnerie führt, daher auch diese Tapeten noch Tapeten der Savonnerie genannt werden i).

Die gewirkten Tapeten, in welche richtig gezeichnete Figuren mit natürlicher Größe und Farbe eingewebt sind, werden theils auf hochschäftigen Stühlen, die die Kette senkrecht halten, theils auf tiefschäftigen Stühlen, die die Kette wagerecht halten, verfertiget, daher sie haute-liße oder basseliße Tapeten genannt werden. Im 15ten Jahrhundert kamen diese Tapeten in den Niederlanden k) auf, wurden aber nirgends zu einer größern Vollkommenheit gebracht, als in der Manufaktur zu Paris, die unter Heinrich IV ihren Anfang nahm und in den Gobelins, einem Pallaste, den Colbert, unter Ludwig XIV, 1667 den Künsten erbauete und nach den Brüdern Giles und Jean Gobelin benannte, ausgebildet wurde. Der hochschäftige Stuhl liefert die schönsten Stücke und

C 2   stellt

stellt die Zeichnung gleich rechts dar), wie das Muster ist. Im Jahr 1737 verfiel man daselbst auf das Mittel, die Hauptzeichnungen des schönen Musters auf ein durchsichtiges Papier zu tragen, dasselbe zu zerschneiden und die Streifen an die Kette zu heften; anfänglich that man dieses nur an dem hochschäftigen Stuhl, aber 1749 wandte man es auch auf den tiefschäftigen Stuhl an. Ob le Brun diese Erfindung gemacht, mag ich nicht entscheiden, man meldet aber von ihm, daß er die im Gobelin verfertigten Tapeten zu ihrer Vollkommenheit gebracht und die Zeichnungen selbst dazu verfertiget habe 1). Im Jahr 1758 gab Vaucanson eine Einrichtung an, wodurch er den tiefschäftigen Stuhl verbessern und der Unbequemlichkeit abhelfen wollte, daß der Künstler nicht nöthig habe, das Stück abzuwinden, wenn er seine Arbeit betrachten wollte; aber seine Arbeit leistete nicht so viel, als man anfänglich glaubte.

Einige sind der Meynung, daß diese Art der Tapetenwirkerey nicht zuerst in den Niederlanden aufgekommen, sondern erst aus Frankreich nach Braband, besonders nach Brüssel gekommen sey, welches jedoch noch nicht ausgemacht ist. In Brüssel wirkt man nur auf tiefschäftigen Stühlen. Aus den Niederlanden kam diese Kunst nach Deutschland und zwar zuerst nach Schwabach, von da in die preußischen Staaten, nemlich nach Berlin, durch Des Vignes, wo man nur auf tiefschäftigen Stühlen arbeitet; dann kam sie nach Wien und 1763 wurde auf dem Schlosse zu Heydelberg eine

solche

folche Manufactur angelegt. Petersburg hat hoch-
fchäftige und tieffchäftige Stühle zu aufgefchnitte-
nen und unaufgefchnittenen Arbeiten m).

Jacob Chriftoph le Blond aus Frankfurt am
Mayn († 1741) erfand auch eine neue Manufactur
zu Tapezereyen n).

Chjue find eine Art Tapeten, deren Mufter
den Wellen von der feidenen und wollenen Arbeit
gleichen, welche unter dem Namen Point de la
Chine bekannt find und die man mit der Nadel auf
Kanefaß ausnähet. Diefe Tapeten kamen zuerft
aus Bergamo. Vergl. Bergames.

Wachstuchtapeten, mit gehackter und klein ge-
ftoßener Wolle, foll, wie Reaurit erzählt, der Franzos Audran, ein gefchickter Maler zu Paris, im
Anfange diefes Jahrhunderts erfunden und eine
Manufactur dafelbft angelegt haben o). Die Herren Dupon und Lourdain haben in Frankreich fchö-
ne wollene Tapeten auf perfifche Art verfertiget,
die viel wohlfeiler find, als die haute liffe.

a) 2 Mofe 26, 1. 2. b) 2 Mofe 36, 1. 2. 8. c) Plin.
H. N. Lib. VIII. c. 48. Lib. XXXIII. c. 3. Silius
Italicus. Lib. XIV. p. 636. d) Bayle hift. krit.
Wörterbuch. III. S. 672. e) Antipandora. 1789.
III. S. 220. f) Ebendaf. S. 205. g) Ebendaf.
S. 205. h) Nachrichten von Künftlern und Kunft-
fachen. II. Th. 1769. S. 65. i) Beckmanns Anleit.
zur Technol. Gött. 1787. S. 79. Anmerk.
13. k) Antipandora. 1789. III. S. 220. l) Juvenal de Carleucas (Gefch. der fchönen Wiff. und
freyen Künfte, überfetzt von Joh. Erh. Kappe. 1752.
2. Th. 39. Kap. S. 370. 371. m) Beckmanns
Tech-

Technol. 1787. S. 77 bis 79. *n)* Allgem. Künstler-
ler. Zürch. 1761. S. 59. *o)* Actingenhorg. III. 1789.
S. 205.

Targone (Pompeo f. Feldmühle, Kanone.

Tarockspiel entstand aus dem Trappolierspiel, daher
es auch anfangs mit der Trappolierkarte gespielt
wurde. Das alte Trappolierspiel war 1450 schon
ganz gemein; das neue Trappolierspiel, welches
mit dem Tarockspiel einerley ist, wurde wahrscheinlich kurz nach 1450 von den Italienern erfunden,
aber die neuern Tarockkarten hält man für eine
französische Erfindung. Vergl. Kartenspiel.

Tarphon oder Tryphon f. Philosophie.

Tarquinius Priscus f. Mauer, Rechtsgelehrsamkeit, Schulen, Spiele, Stuhl.

Tarquinius Superbus f. Kette, Knüttel, Landesverweisung, Opfer, Peitsche, Portechaise, Spiele, Tortur.

Tarragon f. Dividiren, Multipliciren.

Tartaglie (Nicolaus) f. Gleichung, Mechanik, Quadrant, Triangel.

Tartarus emeticus wurde vom Hadrian von Mynsicht
erfunden.

J. A. Fabricii Allgem. Hist. der Gelehrsamk. 1754.
3. B. S. 1087.

Tartüffeln, Erdtuffeln sind ein virginisches, knol-
ligtes Wurzelgewächse, welches weder mit den
Kartoffeln, noch mit den Trüffeln verwechselt werden darf. Als die Engländer 1585 Virginien entdeckten, wurden die Tartüffeln nach Europa gebracht und 1588 schon in Italien gebaut; im Jahr
1590

1590 wurden sie vom Caspar Bauhin beschrieben und am Ende des 16ten Jahrhunderts durch den päbstlichen Gesandten in Holland bekannt gemacht. In Paris speisete man sie 1616 noch an der königlichen Tafel. Walter Raleigh brachte sie im Jahr 1610, nach andern 1623, aus Virginien nach Irland, wo er sie zuerst in Irland auf seinem Gute Younghall in der Grafschaft Cork baute, von da kamen sie nach Lancashire und von da über ganz England. In Schottland wurden sie 1746 von Graham auf Kilsyth angebauet. Im Jahr 1710 brachte sie der Waldenser Antoine Seignoret, ein Colonist, ins Würtenbergische und 1717 kamen sie durch den Generallieutenant von Miltau, bey seiner Zurückkunft aus Braband, nach Sachsen. Im Jahr 1726 kamen sie durch Jonas Alström nach Schweden.

Beckmanns Grundsätze der Deutschen Landwirthschaft. 1 Th. S. 234.

Tartre (le) s. Sackuhr.

Taschenlaboratorien, womit man kleine mineralogische Versuche von etlichen Gran Materie auf der Kohle vor dem Blase- und Löthrohr anstellen kann, hat der Schwede Engström beschrieben.

Taschenuhr s. Sackuhr.

Tasmann (Abel Janson) s. Neu-Holland, Neu-Seeland.

Tassilo s. Rechtsgelehrsamkeit.

Tassis (Franz von) s. Posten.

Tassis (Lamoral von) s. Posten.

Tassis (Leonhard von) s. Posten.

Taſſo (Torquatus) ſ. Paſtorelle.

Tatius (Titus) ſ. Neujahrsgeſchenke.

Taubenpoſten ſ. Poſten.

Taubſtummeninſtitut ſ. Schule.

Taucher ſind Perſonen, die ohne Athen zu holen eine
   geraume Zeit unter Waſſer bleiben können, um
   daſelbſt Dinge zu ſuchen und heraus zu holen.
   Ohne Kunſtmittel anzuwenden, kann es ein Taucher eine Viertelſtunde lang unter Waſſer aushal-
   ten.   Dieſe Kunſt iſt ziemlich alt, denn die Perlen,
   welche die Griechinnen und Römerinnen trugen,
   waren durch Taucher geholt.   Der älteſte Taucher,
   von dem man Nachricht hat, iſt der Lacedämonier
   Scyllias, der ſich zur Zeit des Artaxerxes Mne-
   mon berühmt machte, indem er viel Gold und Silber, welches die Perſer bey ihrem Schiffbruche
   ohnweit Pylä verloren hatten, aus dem Grunde
   des Meeres wieder hervorbrachte a).   Herodot erzählt von ihm, daß er ohne Schwierigkeit zwey
   Meilen unter dem Waſſer gehen konnte, ohne daß
   er, um Luft zu ſchöpfen, über das Waſſer gekommen ſey b), welches ich aber für unmöglich halte,
   es wäre denn, daß er Kunſtmittel angewandt hätte.   Als Alexander Tyrus belagerte, ſchwammen
   die Taucher unter dem Waſſer und riſſen das Boll-
   werk ein, womit er den Hafen ſperren wollte.   Seneca gedenkt auch der Taucher, und Lucanus erzählt,
   daß man auf den Schiffen Taucher gehalten habe,
   um die Anker zu leichtern und ausgeworfene Sachen wieder zu holen.   Didion Rouſſeau konnte
   die Fiſche unter dem Waſſer verfolgen, und Sibach,

der

der um 1131 lebte und den König Magnus in Norwegen unterstützte, sollte, als er vom Gegenkönig Harald IV gefangen war, in der See ersäuft werden, aber er rettete sein Leben durch Tauchen und Schwimmen. Conardus Malfart von Padua schwamm 7000 Schritte unter Wasser fort. Niclas Fisch, oder Pesce-Cola aus Catania, blieb oft fünf Tage lang im Wasser und nährte sich von rohen Fischen. König Friedrich von Sicilien wollte gern die innere Beschaffenheit des Charybdis kennen lernen und bewog den Pesce-Cola durch einen goldenen Becher, den er hineinwarf, nachzuspringen; nach drey Viertel-Stunden kam er mit dem Becher, den das aus der Tiefe strömende Wasser auf die Seite an einen Felsen geworfen hatte, wieder heraus. Er berichtete, daß er nicht ganz auf den Grund gekommen sey, daß aus der Tiefe mächtige Ströme hervorstürzten, die zwischen den Felsen große Wirbel verursachten und daß es um die Felsen herum sehr große Fische, Seehunde und Meerpolypen gebe. Er wollte nicht wieder in den Strudel; als ihm aber der König eine größere Belohnung versprach und wieder einen goldenen Becher hineinwarf: so sprang er nach, aber — Pesce-Cola kam nicht wieder zum Vorschein c). Die Wilden sind heutzutage die geschicktesten Taucher.

a) Allgem. Hist. Lex. Leipzig. 1709. unter Scyllias.
b) Mittel, den menschlichen Leib wider die Folgen des Feuers und Wassers zu schätzen; von Justus Christian Hennings. 1790. c) Allgem. histor. Lex. 1709. unter Pesce-Cola.

Taucherglocke ist eine Maschine, durch deren Hülfe sich die Taucher länger unter dem Wasser aufhalten als ohne dieselbe möglich seyn würde. Man hat schon frühzeitig auf Mittel gedacht, den Tauchern unter dem Wasser Luft zu verschaffen, um die Dauer ihres Aufenthalts zu verlängern. Aristoteles a) führt schon an, daß die Taucher einen mit Gewalt hinabgedrückten Kessel dazu brauchten, der Luft hält, wenn er gerade ins Wasser hinabgelassen wird. Dieß scheint zwar der Taucherglocke ähnlich zu seyn, man kann aber nicht entscheiden, ob dieser Kessel über den Kopf des Tauchers gestürzt oder ihm nur als ein Luftmagazin nachgeschickt wurde, um daraus, so oft es nöthig war, Luft zu schöpfen.

Taucherkappen findet man schon in einer Ausgabe des Vegetius de re militari 1511 von einem Herausgeber abgebildet vergl. Taucherkappe.

Die älteste Nachricht vom Gebrauche der Taucherglocke in Europa ist vom Jahr 1538 und wird vom P. Schott b) aus einer Schrift des Taisnier c) angeführt, der 1509 in Hennegau geboren wurde, in der Folge Pagenhofmeister beym Kayser Karl V wurde, mit dem er auch auf Reisen gieng und zu Toledo, in Gegenwart dieses Kaysers und vieler tausend Zeugen sahe, wie zwey Griechen sich in einem umgekehrten Kessel unter Wasser ließen und mit einem brennenden Lichte, ohne naß zu werden, wieder heraufkamen. Der Canzler Baco von Verulam, der 1626 starb, beschrieb schon die ganze Vorrichtung zu dieser Maschine sehr umständlich.

In

In der letzten Hälfte des vorigen Jahrhunderts bemühete man sich, die Schätze, welche 1588 mit den Schiffen der so genannten unüberwindlichen Flotte versunken seyn sollten, bey der Insel Mull, an der westlichen Küste von Schottland, aus dem Meere herauf zu holen; man brachte bereits im Jahr 1665 einige Kanonen aus der Tiefe des Meeres herauf und Georg Sinclair beschrieb 1669 die dabey gebrauchte Taucherglocke; Paschius, Leupold, Fabricius und viele andere hielten daher den Sinclair für den Erfinder der Taucherglocke, aber er eignet sich dieselbe in seiner Beschreibung mit keinem Worte zu. Im Jahr 1688 wurden diese Versuche bey der Insel Mull, auf Veranstaltung des Grafen Argyle, jedoch ohne besondern Erfolg, erneuert.

William Phipps, ein Grobschmidts Sohn, der 1650 in Nordamerika geboren wurde und zu Boston die Schiffbaukunst gelernt hatte, machte im Jahr 1683 unter König Carl II den ersten Versuch, um ein bey Hispaniola versunkenes spanisches Schiff zu suchen und auszuleeren, war aber dabey nicht glücklich; allein er erneuerte denselben durch Unterstützung König Jacobs II und des Herzogs von Albemarle und brachte im Jahr 1687 Schätze aus jenem Schiffe, die sich auf 300,000 Pfund Sterling beliefen. Phipps wurde dafür vom König zum Ritter geschlagen und starb 1693 zu London.

Der Italiener Lorini beschrieb im Jahr 1609 eine der Taucherglocke ähnliche Maschine, wovon er jedoch nicht selbst der Erfinder war; sie bestand aus

aus einem viereckigten mit Eisen beschlagenen Kasten, der mit Fenstern versehen war und unten einen Schemel für den Taucher hatte. Im Jahr
1671 lehrte Nicolaus Witsen die Einrichtung und
den Gebrauch der Glocke richtiger, welches auch
Johann Alphonsus Borellus 1679 that. Eben
dieser Borellus dachte über das Schwimmen der
Fische nach, dieß gab ihm Veranlassung, zwey lederne Röhren zu erfinden, aus welchen man auf
der einen Seite die Luft einathmet, und auf der
andern wieder ausathmet, so daß man durch ihre
Hülfe einige Stunden unter Wasser bleiben kann;
diese Erfindung wurde 1683 d) bekannt gemacht und
wahrscheinlich sind die vom Borellus erfundene lederne Röhren an der 1765 zu Pont-Royal erfundenen Tauchermaschine benutzt worden, welche aus
einem kupfernen Futteral besteht, das die Gestalt
eines Menschen hat. Am Halse ist eine Oefnung,
durch die der Mensch in die Maschine kriegt, dann
bekommt er eine kupferne Haube mit zwey Augen-
gläsern und einem Stirnglase auf den Kopf, welche
unten an wasserdichtes, an dem Halse der Maschine befestigtes, Leder angeschraubt wird. Ueber
der Haube sind verschiedene Röhren nebst einer Kugel angebracht, aus welchen Luft zum Munde des
Tauchers geleitet wird und in welche die ausgeath-
mete Luft steigt, sich wieder abkühlet und wieder
geathmet wird e).

Sturm beschrieb 1678 f) die Taucherglocke
nach Sinclair und that einige Vorschläge zu ihrer
Verbesserung. Zugleich machte Paulhot, ein Arzt
zu

zu Lyon, die Beschreibung einer Maschine, unter
Wasser zu gehen, bekannt, welche viel größer war,
als die Maschine Sturms g).

Bey großen Tiefen muß der Taucher immer
eine sehr zusammengepreßte Luft athmen; diesem
Fehler suchte Edmund Halley, Secretaire bey der
Gesellschaft der Wissenschaften zu London, abzuhelfen und er setzte im Jahr 1716 wirklich die Taucherglocke in einen besseren Stand h); er ließ sie
acht Fuß hoch, am untern Rande fünf Fuß und
am obern Ende drey Fuß weit machen, so daß sie
63 Cubikfuß Inhalt faßte. Durch Gewichte brachte er es dahin, daß die Glocke immer gerade sank;
oben war ein starkes Glas eingesetzt, um Licht
durchzulassen; auch war ein Hahn angebracht die
verdorbene Luft herauszulassen. Die ganze Maschine hieng an einem Queerbalken am Mastbaume
des Schiffes. Es wurden große mit frischer Luft
gefüllte Schläuche hinabgelassen, welche der Druck
des Wassers so zusammenpreßte, daß der Taucher
durch lederne mit Oel getränkte Röhren dieser Luft
einen Ausgang in die Glocke verschaffen und die
verdorbene dagegen durch den Hahn heraus lassen
konnte. Durch diese Mittel konnte Halley, nebst
vier andern Personen, $1\frac{1}{2}$ Stunde lang, 9 bis 10
Klaftern tief unter Wasser bleiben. Durch das
Fenster erhielt er so viel Licht, daß er bey stiller
See lesen und schreiben konnte; er schrieb seine
Befehle mit einem eisernen Griffel auf Bley und
schickte sie mit den leergewordenen Luftschläuchen
herauf. Bey trüben Wetter und stürmischer See
muß-

mußte er ein Licht anzünden, welches jedoch eben
so viel Luft verzehrte, als ein Mensch braucht.
Wenn die Glocke schnell ins Wasser gelassen wurde,
empfand er von der Verdichtung der Luft einen
Schmerz in den Ohren, der aber bald wieder ver-
gieng, wenn die Glocke langsamer niedergelassen
wurde. Von der von Halley erfundenen Taucherkappe s. Taucherkappe.

Der königl. schwedische Director der Maschinen, Herr Martin Triewald, verbesserte die Taucherglocke, die er viel kleiner, aus inwendig ver-
zinntem Kupfer machen ließ, wodurch sie wohlfeiler
wurde. Der untere Schemel ist so niedrig angebracht, daß der Kopf des Tauchers nur gerade über
der Wasserfläche in der Glocke hervorragt und noch
viel Luft über sich hat, welches weit besser ist, weil
die verdorbene Luft in den obern Raum aufsteigt.
Damit man sich aber auch in dem obern Raume
aufhalten könne, geht an der Seite der Glocke eine
rund umher gewundene kupferne Röhre in den untern Theil, aus welcher die untere frischere Luft
durch einen ledernen Aufsatz mit einem Mundstücke
von Elfenbein eingesogen werden kann i).

Martin erzählt, ein Engländer habe gegen
1730 einen ganzen Anzug von starken, dichten Leder erfunden, welcher etwa ein halbes Oxhoft Luft
enthält, genau über Arme und Beine paßt und vorn
mit einem Glase versehen ist. In diesem Anzuge
sey er auf dem Meergrunde herum und in die Zimmer versunkener Schiffe gegangen, um aus denselben Güter heraufzuholen, welches über 40 Jahre
lang

lang getriebene Gewerbe ihm einen ansehnlichen Gewinn verschaft habe k).

a) Aristotel. Probl. XXXII. S. 5. b) Schott Technica curiosa. Lib. VI. c. 9. p. 393. c) Taisnier Opusc. de motu celerrimo. |d) Acta Erudit. ad ann. 1683. M. Febr. p. 73. e) Mittel, den menschl. Leib wider die Folgen des Feuers und Wassers zu schützen, von Justus Christian Hennings. 1790. S. 291. f) Sturmii Collegium experimentale et curiosum. 1678. Part. II. Tent. 1. g) Journal des Sçavans. 1678. h) Philos. Transact. 1717. i) Philos. Transact. 1736. Mem. 13. k) Beckmanns Beyträge zur Geschichte der Erfindungen. Erster Band. 1782. IV. Stück. Num. 6.

Taucherkappe mit einer langen ledernen Röhre, deren Oefnnng auf der Oberfläche des Wassers schwimmt, findet man schon in den ältesten Ausgaben des Vegetius von der Kriegskunst z. B. von 1511 und zwar von dem Herausgeber abgebildet, aber im Buche selbst sind sie nicht erläutert. Man zweifelt, daß diese Taucherkappen zu ihrer Bestimmung, nemlich Fische auf dem Meeresboden mit den Händen zu fangen, jemals haben gebraucht werden können. Edmund Halley erfand bessere Taucherkappen, um einen Taucher aus der Glocke auf dem Meeresgrunde verschicken zu können. Seine Taucherkappen waren von Bley und hatten vorn ein Glas, das für ein paar Minuten Luft faßte; sie wurden über den Kopf der Taucher gedeckt und standen durch ein dichtes biegsames Rohr mit der Glocke in Verbindung, daher die Kappen immer mit frischer Luft versehen werden konnten.

Gehler physikal. Wörterbuch. IV. S. 283.

Taus

Taucherkleid f. Taucherglocke, zu Ende dieses Artikels.

Taucherschiff, ein Schiff, das unter Wasser geht, erfand der bekannte Cornelius Drebbel, ein Holländer, zu der Zeit, da er sich in England aufhielt a); auch Joh. Alphonsus Borellus b) erfand ein solches. vergl. Schifftunst.

> a) Jacobson technol. Wörterbuch. IV. S. 378. b) J. A. Fabricii Allgem. Hist. der Gelehrt. 1754. 3. B. S. 1037.

Taufbücher wurden in Nürnberg 1533 angefangen.

> Kleine Chronik Nürnbergs. Altdorf 1790. S. 61.

Taufcapelle oder Taufstein ließ der Kayser Constantin zuerst in einer Kirche errichten.

Täulnes f. Electrisirmaschine.

Taxe der apostolischen Kanzelley war ein auf Befehl des Pabstes Leo X schon 1514 zu Rom und 1515 zu Cöln gedrucktes Verzeichniß, worinne angezeigt war, wie viel man für die geistlichen Aemter, Ablasse, Indulte, Absolutionen, Dispensirungen, und Abbüßungen aller Sünden, der päbstlichen Kammer am Gelde zahlen sollte. Diese Taxe gab vorzüglich Veranlassung zur Reformation Lutheri.

> Jablonskie Allgem. Lex. Leipzig. 1767. II. S. 1533.

Taxis f. Tassis.

Taylor f. Kunstauge.

Taylor f. Stenographie.

Tche-tsiang f. Kupfer. Mörser.

Tchi-yeou f. Waffen.

Tcho-

Echo-jong s. Musik.

Technologie. Das erste Hauptwerk in der Technologie lieferten die Franzosen; es besteht aus einzelnen Abhandlungen verschiedener Gelehrten; kostet 300 Thaler und führt den Titel: Déscription
des Arts et Metiers par Mrs. de l'Academie Royale
des Sciences, avec Figures en taille-douce, Folio,
broché, chez Veuve Desaint, Librair. Bey
den Deutschen haben sich Sprengel, Halle, von
Murr, Beckmann, Jacobsohn und Rosenthal vorzüglich um die Technologie verdient gemacht.

Teer s. Theer.

Teichmeyer s. Dinte.

Teillard s. Schleife.

Telauges s. Philosophie.

Telchinen s. Schwerd, Sense, Sichel.

Telegraph oder Zielschreiber ist eine Maschine,
mittelst deren zwey durch die größte Entfernung ge-
trennte Personen sich ihre Gedanken in wenigen Minuten mittheilen können. Die Telegraphie gehört
mit zur Synthematographik, aber sie ist der letzte-
rem Werk als ein einzelner Theil unterworfen, der
in die Klasse durch andere verabredeter Zeichen d. i.
unter die Verabredungen gehört, welche durch Both-
schafter veranstaltet und ausgeführt werden. Synthematographik verhält sich also zur Telegraphie
wie das Allgemeine zum Besondern. Synthema
heißt Verabredung, Parole, Ordre, und Synthematographik ist die Kunst, sich andern durch ver-
abredete Signale eben so gut, wie durch eine
Schrift, mittheilen zu können. Der Synthema-

tograph oder Signalschreiber wirkt unmittelbar auf
alle Punkte der Grenzen seines Horizonts; aber der
Telegraph, oder Zielschreiber wirkt nur mittelbar,
für einen willkührlichen, oder bestimmten Gesichts-
kreis, er wirkt nur allmälig und nach einander, so
wie die Wirkung von ähnlichen Instrumenten auf-
genommen und von Ort zu Ort weiter fortgeschickt
wird, bald in Horizontalen, bald in schrägen Linien von der rechten und linken Seite, bald in
senkrechten Linien nach der Höhe und Tiefe.

Spuren von dieser Kunst finden sich schon im
Alterthume, denn die Thürme waren ursprünglich
und schon in den ältesten Zeiten zum Beobachten
und Signalisiren angelegt.

Aeschylus liefert in dem zweiten Akt des Aga-
memnon, wo Klytemnestra dem Chor die Eroberung von Troja erzählt, eine unzweifelhafte Spur
von der Telegraphie der Griechen. Ich theile hier
die ganze Stelle nach der Uebersetzung mit, welche
Herr Jenisch 1786 zu Berlin heraus gab. Der
Chor fragt daselbst:

Und welcher Bote flog so flügelschnell?

Klytemnestra antwortet hierauf:

Vulkan, der bis von Jda's Gipfel her
Glanzstrahlend Fackel stets an Fackel zünde,
Ein wandernd Feur. Vom Jda leuchtet es
Bis an des Hermes Hügel, an dem See.
Den dritten Strahl nahm Athos Gipfel auf
Und sprüht ihn übern Rücken Hellesponts
Schönflammend, wie der Sonne Morgenglanz,
                                        Bis

Bis in Makistus Wache. Da sie 's sah,
Versäumte sie nicht der Botenpflicht:
Fern über des Euripus Wirbel hin
Trug dann die Flamme zu der Hut
Meßapius; sie zündete ein Feuer
Argivscher Reiser an. Die hohe Flamme
Wallt über des Asopus Ebnen hin,
Hell, wie der Mondstrahl, und entlockete
Cythärons Hügel eine Wechselflamme;
Weit über den Goropschen Spiegelsee
Glänzt sie und mahnt die Hüter Argiplanktes
Der Botenpflicht. Mit ungeschwächter Kraft
Entzündet sie ein helles Feuer, und
Alsbald erglänzt der ganze Flammenbart
Und strahlet über des Saronischen
Vorberges Spitze weit hinüber, bis
Sie allerletzt die Hügel dieser Stadt
Erreicht. Und so trug Ida's Tochterflamm
Die Kunde unter der Atriden Dach.
So hatt's eure Königin geordnet, so
Erfüllten meine Wächter ihre Pflicht;
Der erste und der letzte Bote ist
Der angenehmste doch. Da siehst du nun,
Was mich gewiß gemacht. Denn er, er selbst
Mein Gatte, sendet diese Botschaft mir.

Herr Bergsträßer urtheilt, daß hier jeder Telegraph
auf den Zwischenposten zugleich ein Synthematograph für seinen eignen Horizont war.

Schon aus dieser angeführten Stelle erhellet,
daß die alten Griechen die Telegraphie und ihren
Gebrauch kannten, ob sie ihr gleich keinen beson-

D 2   dern

dern Namen gaben, sondern sie mit unter die Klasse
der Feuersignale brachten. Auch die Römer kannten die Telegraphie und Polybius sowohl, als auch
Julius Africanus haben ihre Methode beschrieben.
Beyde Schriftsteller berichten von dieser Telegraphie der Alten folgendes: man unterschied an dem
Orte, wo signalisirt wurde, drey Punkte: die
rechte Seite, die linke Seite und die Mitte. Die
ersten acht Buchstaben des Alphabets wurden durch
1. 2. 3. bis 8. auf der linken Seite angezündete
Feuer ausgedrückt; den acht folgenden Buchstaben
dienten eben so viele in der Mitte brennende Feuer
zum Zeichen und acht andere Feuer zur Rechten
stellten in eben der Ordnung die acht übrigen Buchstaben des Alphabets vor. Diese Feuer wurden
durch Reis, Stroh und darauf gegossenes Fett unterhalten. Um den Beobachter aufmerksam zu machen, auf welcher Seite er den Buchstaben suchen
sollte, wurde vorher entweder an einer vierten
Stelle ein Feuer angezündet, wodurch die linke
Seite angezeigt wurde, oder zwey Feuer, welche
die Mitte anzeigten, oder drey Feuer, welche die
rechte Seite anzeigten. Hatte man statt drey Reihen Buchstaben etwa vier oder mehrere Reihen? so
mußte man desto mehrere Anzeige Feuer zur Bestimmung der Reihe haben, in welcher der Buchstab zu suchen war. Der Beobachter hat ein geo-
metrisches Instrument mit Röhren, um die Reihen
der Buchstaben besser unterscheiden zu können. Diese
Signale konnten durch Beobachtung und Wiederholung weiter fortgepflanzt werden. Doch war
diese

Diese Methode, durch Feuer zu signalisiren, nur des Nachts brauchbar und sehr unbequem, weil sie wegen der Menge der Feuer eine beträchtliche Breite erforderte, daher sie auch nur im Nothfall gebraucht wurde.

Franz Keßler, ein Maler von Wetzlar, machte im Jahr 1617 zum Behufe der Signalsirkunst, den Ortforscher bekannt oder ein Instrument, welches dazu dient, die Richtung oder Linie nach einem bestimmten Ort auch in der Nacht zu finden und andern in der Entfernung seine Gedanken zu erkennen zu geben. Am Tage, wo man beyde Oerter sehen kann, zieht man zwischen beyde, gegen eine auf dem Instrument befindliche Magnetnadel, eine gerade Linie und bemerkt ihre Lage gegen die Magnetnadel, wodurch man die Richtung nach dem Orte findet. Um andern seine Gedanken in der Ferne mitzutheilen, muß der andere wissen, daß er zu einer bestimmten Zeit an einen bestimmten Ort trete, wo er in die Gegend des erstern sehen kann, der erstere nimmt ein Faß, oder eine große Tonne, in der ein Feuer angezündet wird, dessen Flamme durch eine Klappe bald gezeigt, bald verborgen wird. Zeigt er die Flamme nur einmal, so bedeutet dieses A, zeigt er sie zweymal hinter einander, so bedeutet dieses B, zwischen jeden Buchstab macht man eine Pause, der andere zählt genau nach, wie vielmal jedesmal das Feuer sichtbar wurde und schreibt die Buchstaben auf, welche endlich die Worte bilden, die den Sinn unsrer Gedanken enthalten. Er brachte auch bey dieser Tonne ein Rauchloch an,

D 3 damit

damit der Rauch gehörig abziehen konnte. Im
Jahr 1787 gab ein Invalide zu Berlin eine neue
Methode hierzu an a).

Das englische Gentleman's Magazin eignet
die Erfindung des Telegraphen einem Automous
aus der Normandie zu, der 1663 geboren wurde
und als Schüler der dritten Klasse in der lateinischen Schule zu Paris das Gehör verlor, daher er
sich genöthiget sahe, seine Zuflucht zur Zeichenspra-
che, zur Sprache fürs Gesicht zu nehmen, welches
ihn auf den Gedanken leitete, vermittelst solcher
Zeichen so weit zu reden, als das Gesicht reicht
und durch Hülfe der Sehröhre zu reichen im Stande
ist. Wie er aber seine Zeichen hervorbrachte, dar-
stellte und fortpflanzte, weiß man nicht; auch be-
darf diese Nachricht überhaupt noch Bestätigung b).

Weit gewisser ist, daß der Engländer Robert
Hook, Mitglied der königl. Societät der Wissenschaften zu London und Professor der Geometrie,
der 1635 auf der Insel Wight geboren war und
1703 zu London, 68 Jahr alt, starb, schon vor
mehr als 100 Jahren, Figuren zu Bezeichnung
von Zielen zu Zielen angegeben, die mit den Figuren des französischen Telegraphs Aehnlichkeit haben,
welchen Herr Chappe zu Paris und Lille errichtet
hat. Ja es ist fast entschieden, daß die Figuren
oder Signale des Chappe dieselbigen sind, die Hook
hatte; ihr Mechanismus gründet sich auf leichte
und unumstößliche Wahrheiten der Geometrie und
Mechanik. Chappe hat blos in der Maschine,
wodurch er diese Signale darstellt, die Größe seines

nes mechanischen Kopfs, sein Kopf eines Erfinders gezeigt und aus der Einrichtung dieser Maschine macht er noch ein Geheimniß. Die Arme an den Figuren des Chappe sind beweglich, können nach Winkeln aufgerichtet und gesenkt und für die Nacht mit Fackeln bewafnet werden; doch ist es noch nicht ausgemacht, ob nicht Hook seinen Charakteren in der Zusammensetzung ebenfalls eine Beweglichkeit zu geben dachte. Hook empfahl auch schon zur Beobachtung der Signale den Gebrauch der Telescope, die aber nicht von einerlei Länge seyn dürfen, sondern nach Maaßgabe der Weite der Stationen größer seyn müssen. Indessen erschwert das Telescop die Ausführung der Zielschreiberey in die Ferne und ist nur in Vestungen und Standlagern brauchbar. Im Jahr 1684 legte Hook seine Erfindungen der Akademie der Wissenschaften zu London vor.

Seit Hook that sich unter den Holländern der Graf von Byland in der Ordre- und Zielschreiberey hervor und unter den Franzosen machte die Snetactik des Grafen von Morogues Aufsehen.

Im Jahr 1782 gab Linguet eine Methode an, sich andern in der Entfernung mitzutheilen; sein Geheimniß bestand darinne, daß er den Schall durch lange Röhren fortleitete. Zu Chaillot ließ man den Schall in einer Leitungsröhre an einer Feuerpumpe 400 französische Ruthen weit fortlaufen und doch blieb der Schall deutlich! Dergleichen Röhren ließ Linguet in der Erde fortlaufen zu lassen.

Im

Im Jahr 1783 machte Dom Gauthey, ein Mönch des Cistercienser-Ordens, bekannt, daß er die Kunst erfunden habe, wie man jemanden, mit der größten Geschwindigkeit, selbst bey der größten Entfernung, zu jeder Zeit und Stunde und ohne daß ein Dritter es bemerken kann, seine Gedanken durch Zeichen und Signale bekannt machen kann c).

Am 21. December 1784 kündigte den Herr Konsistorialrath und Professor Bergsträßer in Hanau seine Synthematographik an, von welcher 1785 zu Hanau die erste Sendung erschien. Er hatte dieselbe schon 1780, also vor Linguet seiner Methode, ausgearbeitet und jeder Wahrheitsfreund muß gestehen, daß Herr Bergsträßer schon 1784 in seiner Synthematographik weit mehr geleistet hat, als Chappe 1794 durch seinen Telegraphen leisten konnte, denn Herr Bergsträßer zeigte zehn Jahre früher die Mittel, in einem Lager von 200,000 Mann, allen Generalen zugleich, gerade so viel, als ein jeder wissen soll, ohne sonderlichen Aufwand, bey Tag und bey Nacht, Ordre zu dictiren und zwar geschwinder, als Adjutanten oder Eilboten zu Pferd sie hinterbringen können, so daß das Geheimniß einem jeden gegen Verräther und auch gegen solche, die die Auflösung wissen, gesichert ist. Er lehrte auch, diese Mittel auf eine Flotte in der See und auf weite Distanzen von einer belagerten Stadt anzuwenden d). Er gab auch einen Telegraph für Signale am heiteren Tage an und brachte in seiner Synthematographik schon einen Telegraph von Leipzig bis Hamburg in Vorschlag, nur nur mit dem Unterschied, daß das, was jetzt Tele-

graph

graph, heißt, bey uhm ischen 1784 Glocksoph hieß, also ist der eigentliche Telegraph auf deutschem Grund und Boden gemacht e). Des Herrn Bergsträßers Synthematograph verhält sich ferner zu dem Chappes Telegraph, wie das Allgemeine zum Besondern, und hat große Vorzüge vor dem letztern, denn was Chappe mit 53 Figuren leitet, das bewirkt Bergsträßer bey seinem Synthematograph mit einer Figur, und wozu Chappe 100 Zeichen braucht, dazu braucht Hr. Bergsträßer nur fünf und drückt damit alles aus, was nur in einer Sprache ausgedrückt werden kann. Auch machte er schon am eilften Junius 1786 synthematographische und telegraphische Versuche. Auf der Goldgrube, die acht Stunden von Hanau liegt und einen Theil von dem Fuße des Feldbergs ausmacht, wurden Parole und Feldgeschrey durch zwey Racketen nach Homburg vor der Höhe, von da nach Bergen und in 30 Secunden von Bergen durch zwey Strohfeuer nach Philippsgrube gesandt. Der Landgraf, Erbprinz und Prinz von Homburg, wie auch der Prinz von Barnburg dirigierten die Signale. Herr Bergsträßer hat den Vorschlag gethan, alle Buchstaben durch vier Arten von Racketen zu signalisiren, 1) durch eine Rackete ohne Schlag, 2) durch eine Rackete mit dem Schlage, 3) durch eine Rackete mit Leuchtkugeln und 4) durch eine Rackete mit Feuern des goldenen Regens. In der Schrift des Aufsatzes und im Niederschreiben der Signale zieht Bergsträßer die Zahlzeichen vor. Er hatte hierzu eine besondere Methode im Zählen, nemlich die positive und negative Tessarepentade, erfunden. Herr

D 5 Pro-

Professor Gur ia in Berlin und Herr Hofrath Böckmann in Karlsruhe wollen auch beyde neue Zählarten angeben. Letzterer will nur mit zwey Charakteren zählen; Herr Bergsträßer hat schon seine Methode, mit zwey Charakteren das Alphabet und die Zahlen zugleich zu beziffern, in einem Kupferstiche vorgezeichnet. Die von Weigel erfundene Rechnungsart, welche Tetras heißt, wird bey der Signalkunst, nemlich bey Ordre- und Signalbüchern, für die brauchbarste gehalten. Herr Bergsträßer hat auch zur Erleichterung des Signalisirens ein Sylben oder Wörterbuch, mit Bezifferung aus dem Rande angegeben, welches bey 8000 einfache deutsche Sylben enthält.

Im Jahr 1786 wurde gemeldet, daß Herr Director Reiser des Herrn Bergsträßers Erfindung zu gleicher Zeit auf ähnliche, aber noch unbekannte Art gemacht habe s).

Herr Professor Abel Bur ia in Berlin schrieb 1794 eine Abhandlung über die Telegraphie, worinn er zum Zählen und Bezeichnen des Alphabets zwey Charaktere, nemlich zwey Vertikallinien, vorschlägt, wovon die eine größer die andere kleiner ist. Zum Telegraphisiren schlägt Herr Bur ia die gewöhnlichen ausgeschnittenen Schriftformen vor, die in eine lange hölzerne Röhre von ansehnlichem Durchschnitt gesteckt werden. Man schneidet nemlich die Form des Buchstabens groß und breit in einer Tafel aus und diese Tafel wird in die Röhre gesteckt. Hinter das Ende der Röhre wird ein großes Feuer gemacht und nun können Personen in

einer

in einer weiten Entfernung durch Telescope die Buchstaben, die durch das hinter ihnen angezündete
Feuer als feurige Schriftzüge erscheinen, deutlich
lesen. Beyde Ende der Röhre werden mit einem
breiten schwarzen Vorrande eingefaßt, damit das
Feuer nicht hinter der Röhre hervorleuchtet. Auch
schlägt Herr Buria statt der Röhre ein großes
schwarzes Bret vor, welches in der Mitte ein viereckigtes Loch mit Schieberrinne hat, wo die Buchstaben hineingeschoben werden. Dieser Vorschlag
scheint vortheilhafter, als der mit der Röhre, zu
seyn. Herr Buria schlug ferner vor, mit 4 Fackeln zu signalisiren, die hinter einem Vorhange
bald zu zweyn, bald zu dreyn, bald zu vieren,
aber allemal eine oder etliche in ungleichen Höhen,
heraufträten, wodurch er 22 verschiedene Flammen-
stellungen zur Bezeichnung der 22 Buchstaben des
Alphabets erhielt. Auf große Weiten möchte aber
dieses nicht anwendbar seyn oder es müßten Stroh-
fackeln seyn; auch erfordert das Signalisiren der
einzelnen Buchstaben zu viel Zeit, besser ists mit
Sylben und Wörtern, wie Herr Bergsträßer vorgeschlagen hat.

Der Herr geheime Legationsrath von Moulines
schlug zum Signalisiren einen großen mit rothem
Taffet überzogenen Rahmen vor, vor welchem sich
die schwarzen Zeichen bewegen und hinter welchem
man ein starkes Feuer anzündet, dessen Flammen
durch dephlogistisirte Luft vermehrt werden können.
Auch könnte verstärkter Phosphorus hier große
Dienste leisten.

Die

Die Spanier haben den Telegraph zuerst auf große Weiten angewandt, die Franzosen sind ihnen hierin nachgefolgt und haben den Gebrauch desselben erweitert.

Am 12ten April, 1793 machte Herr Chappe seinen ersten telegraphischen Versuch von dem Thurme im Park von Pelletier St. Fargeau bis zum Thurme zu St. Martin Dü Thertre, welche beyde 8½ Meile von einander entfernt waren. Diese Weite brauchte nur einen einzigen Mittelposten, der auf den Anhöhen von Ecouai errichtet wurde. Er brachte die erste Telegraphenpost von Paris bis Lille in den Gang; sie begreift eine Strecke von 30 Meilen und besteht aus 12 Telegraphen g). Die Nachricht von der Eroberung von Quesnoy kam vermittelst der Telegraphen, die vier bis fünf Stunden weit von einander angebracht waren, schon eine Stunde nachher in Paris an h). Chappe brauchte 13 Minuten und 40 Secunden Zeit, um eine Nachricht von Valenciennes nach Paris zu bringen, welche Städte 25 deutsche Meilen weit von einander liegen. Der Preis einer jeden Maschine beläuft sich auf 6000 und die Kosten der ganzen Correspondenzanstalt von Paris bis an die nördliche Grenze belaufen sich auf 96000 Livres, mit Einschluß der Ferngläser. i).

Nach des Herrn Buria Bericht besteht der Telegraph des Herrn Chappe, wie Lakanal gemeldet hat, in einem Rahmen oder Chassis, in Gestalt eines sehr länglichten Parallelogramms und ist mit beweglichen Streifen oder Klappen versehen. Dieser

ser Rahmen ist an das äusserste Ende seiner Axe mit seinem Mittelpunkte befestiget. An dem Rahmen befinden sich zwey Flügel, die sich nach verschiedenen Richtungen ausbreiten. Der Baum, der den Namen trägt, dreht sich um einen Zapfen und wird von einem Gestell, in Gestalt der Dachstuhlsäulen, in einer Höhe von 10 Fuß erhalten. Der Mechanismus ist so eingerichtet, daß vermittelst einer doppelten Kurbel, die in gehöriger Höhe angebracht ist, die ganze Verrichtung leicht und schnell geschehen kann. Die verschiedenen Richtungen und Stellungen der Theile dieses Telegraphs machen zusammen hundert vollkommen verständliche Signale aus, deren Darstellung eine tachygraphische Methode ausmacht, die man aber noch nicht näher beschreiben wollte. Die beweglichen Streifen oder Klappen des Rahmens können vermittelst daran befestigter Bindfaden, die fast bis zur Erde reichen, einzeln auf und zugezogen werden. Diejenigen Klappen, die nicht zur Schriftzeichnung dienen, sind offen; die zugemachten aber bilden einen oder mehrere parallele Streifen. Die sogenannten Flügel sind eine Art von Linealen, welche an beyden Seiten des Rahmens befestiget und an einem ihrer Ende beweglich sind. Sie durchschneiden die Streifen oder Klappen in verschiedenen Winkeln, so daß hieraus Zeichen oder Figuren entstehen, welche von jenen parallelen Streifen und den sie perpendikular oder schief durchschneidenden Flügeln oder Linealen gebildet werden. Da man nun dem ganzen Rahmen eine solche Neigung geben kann, daß die parallelen Streifen bald horizontal, bald vertikal, bald in

schle-

schiefer Richtung zu stehen kommen, so macht die=
ses für jedes Zeichen verschiedene Lagen; welche
dann als eben so viele neue Schriftzeichen angese=
hen werden können. Auf diese Art lassen sich mit
leichter Mühe hundert Schriftzeichen oder Figuren
heraus bringen, worunter einige die Buchstaben,
andere die gewöhnlichsten Sylben und Wörter be=
zeichnen können. Die Stationen können vier bis
fünf französische Meilen von einander entfernt seyn
und in 20 Secunden können die Signale von einer
Station zur andern gelangen. Die dreyfache Be=
wegung, daß man erst die Klappen auf oder zu
machen, zweytens die Flügel richten und drehen,
und endlich den ganzen Rahmen mehr oder weniger
neigen muß, macht aber doch, nach des Herrn
Buria Urtheil, diese Erfindung etwas beschwerlich
und unsicher, zumal wenn unwissende Leute die
Maschine richten sollen.

Die Franzosen brauchten die Telegraphen zuerst
in öffentlichen Lagern, nemlich im Lager vor Maynz.

Seit des Chappe Erfindung hat man auch in
England, von London bis Dover, wie auch in
Schweden von Stockholm bis Drotningholm tele=
graphische Posten angelegt.

Am 18ten October 1794 wurde gemeldet (k),
daß Herr Hofrath Böckmann in Carlsruhe mit ei=
nem neuen von ihm erfundenen Telegraphen ver=
schiedene gut ausgefallene Versuche gemacht habe.
Kurz darauf wiederholte er diese Versuche l) mit
zwey neuen von ihm erfundenen sehr einfachen Tele=
graphen und auch mit einem französischen Telegra=

phen

phen. Es wurden in Entfernungen von 1 und 2
Stunden 6 bis 8 kleine Depeschen vom Herrn Lieu-
tenant Böckmann geschwind und sicher signalisirt
und an dem Orte, wohin die Signale gerichtet
waren, aufs pünktlichste und deutlichste beobachtet.
Nach des Herrn Hofrath Böckmanns Urtheile kommen die deutschen und französischen Telegraphen
darinn überein: 1) beyde dienen dazu, willkührlich Depeschen bey Tage und bey Nacht in Weiten
von mehreren Stunden schnell zu versenden, 2) beyder ihre Wirkung wird durch neblichten, regneri-
schen Himmel gehindert, 3) beyde bedienen sich
sichtbarer Gegenstände, als Buchstaben einer ge-
heimen Schrift, die durch Fernrohre beobachtet
werden, 4) beyde können mit Leichtigkeit ihre Signale revidiren. Beyde sind aber in folgenden Stücken verschieden: 1) die Einrichtung des französischen Telegraphs erforderte auf einer Route von
50 Stunden ein ganzes Jahr Zeit; die Anordnung
eines deutschen Telegraphen kann in Zeit von 3 bis
4 Wochen geschehen; 2) die Behandlung des französischen Telegraphen zu erlernen, kostet weitläuftige
Unterweisung, da man die Behandlung des deutschen Telegraphen in zwey Stunden lernen kann;
3) der französische Telegraph hat 100 Charaktere,
aber der deutsche nur 3 Charaktere für das ganze
Alphabet und 2 für die Zahlen; 4) der französische
Telegraph kostet auf jeder Station 6000 Livres,
der deutsche nur 100 bis 120 Gulden.

Im Jahr 1794 gab auch Herr Achard in Berlin eine einfache, aber weniger ausführbare Art an,

bedeu-

bedeutende Figuren fürs entfernte Auge zu bilden. Ein Lineal, ein Zirkel und ein Dreyeck, die alle drey mit ihren Enden an einer gemeinschaftlichen Are beweglich sind, decken und schneiden sich wechselweise und formen dadurch mancherley verschiedene Gestalten. Man zweifelt aber, ob diese Figuren in der Ferne gut unterschieden werden können m).

Am $\frac{18}{29}$ April 1795 zeigte Herr Professor Wölke auf Verlangen des Großfürsten vor dem ganzen Großfürstl. Hofe zu Gatschina einige Versuche der Telegraphie oder Telephrasie oder Fernsprechkunst, wovon die letztere lauten Beyfall erhielt. Wenn er Unterstützung erhält, will er die Kunst zu telephrasiren, wovon die Telegraphie der Franzosen nur ein geringer Theil seyn soll, in dem Grade ausüblich machen, daß zwey Personen, die eine Meile weit von einander entfernt sind, oder so weit als telephrasische Maschinen vermittelst guter Telescope sichtbar sind, mit einander über alles, was ihnen beliebt, so sprechen können, als wenn sie dicht vor einander im Zimmer ständen n). Herr Professor Fischer in Berlin hat eine einfache Methode, des Nachts vermittelst zehn Laternen zu signalisiren, deren helle Seite durch angebrachte Züge leicht mit Deckeln verdeckt werden kann, angegeben o). Auch Herr Puschendorf hat leichte Methoden, bey Tage und bey Nacht zu telegraphiren, vorgeschlagen p).

a) Mittel, den menschlichen Leib wider die Folgen des Wassers und Feuers zu schützen von Justus Christian Hennings. 1796. S. 299. b) Journal für Fabrik,

Fabrik, Manufactur, Handlung und Mode. 1794. December S. 487. c) Gothaischer Hof-Kalender. 1784. d) Allgem. Lit. Zeitung. 1785. Nr. 27. e) Bergsträßers Synthematographik S. 870. f) Campe Reisen. II. Th. Wolfenbüttel. 1786. p. 226. Magazin für das Neueste aus der Physik und Naturgesch. X. B., 1. St. S. 97. g) Journal für Fabrik, Manufactur, Handlung und Mode. 1794. Dec. S. 408. h) Arnstädter Zeitung 1794. den 3. Sept. i) Frankfurter Staats-Ristretto. 1794. 159 Stück. k) Ebendas. 164 Stück. l) Ebendas. 177. St. m) Journal für Fabrik 1794. December. S. 486. n) Reichs-Anzeiger. 1795. Nr. 167. S. 1653. Die Geschichte der Telegraphie findet man in Bergsträßers Synthematographik S. 138 bis 265. ferner in der Schrift: Ueber Signal-Orte und Zielschreiberey in die Ferne mit 13 Kupfern oder über Synthematographe und Telegraphe in der Vergleichung, von J. A. B. Bergsträßer. Frankf. a. M. 1795. o) Deutsche Monatsschrift, 1795. October. Leipzig bey Sommer. S. 95. folg. p) Journal für Fabrik, Manufactur, Handlung und Mode. 1795. Sept. S. 184—216.

Telephanes f. Malerkunst.

Telescop f. Fernglas.

Telesius f. Philosophie.

Telestes f. Pantomime.

Teller. Viele Jahrhunderte hindurch vertrat eine rundgeschnittene Scheibe von Brod die Stelle des Tellers, welche nach dem Essen unter die Armen ausgetheilt wurde. Nach den Brodtellern kamen die hölzernen auf, dann die von glasurter und gebrannter Erde, dann die bleyernen, welche man ihrer Schwere wegen bald wieder abschaffte und dafür die zinnernen einführte.

Busch Handb. d. Erf. 7. Th.　　　E　　　*Tellu-*

Tellurium ist eine Maschine, die Herr G. Adams in London erfand und die folgende Wirkungen hervorbringt: 1) sie stellt den Parallelismus der Erdaxe in allen Punkten ihrer Bahn um die Sonne vor, 2) sie zeigt, wie durch die Bewegung der Erde um die Sonne, die Sonne alle Zeichen des Thierkreises zu durchlaufen scheint, und wie die auf die Erde senkrecht fallende Sonnenstrahlen, im Fall die Erde unbeweglich bliebe, auf ihrer Oberfläche in einem Jahre die Ecliptik beschreiben würden; 3) sie stellt die Bewegung der Erde um ihre Axe und die Zeit dieser Umwälzung vor, 4) sie stellt die Phänomene der Abwechselung der Jahreszeiten vor, 5) sie erklärt alle Phänomene, die während der vier Jahreszeiten in Absicht auf die verschiedenen Horizonte statt finden; 6) sie erklärt die Bewegungen des Monds in seiner Bahn und den Unterschied der periodischen und synodischen Revolutionen; 7) sie zeigt, wie der Mond, während er die Erde umläuft, uns immer dieselbe Seite zukehrt und wie er also in derselben Zeit sich um seine Axe dreht; 8) sie stellt die Phasen des Monds dar, 9) auch die Finsternisse, 10) die Erscheinung der Ebbe und Fluth.

　　Herrn Aoneae Beschreibung und Gebrauch eines von Herrn Adams verfertigten Telluriums. 1789. Nürnberg bey Raspe.

Temenus s. Kleider.

Tempel s. Kirche.

Temperatur in der Musik dient zur Verdeckung eines Fehlers in der Tonleiter, nemlich einer Quinte, die

um ein Comma zu klein ist und daher eine Disso-
nanz verursachen würde. Sie besteht in einer solchen Abmessung der Intervalle auf dem Claviere,
wodurch dem einen von seiner Richtigkeit etwas abgenommen und dem andern zugesetzt wird, damit
sie alle zusammen in möglichster Harmonie bleiben.
Abdias Trew, Professor der Physik und Mathematik zu Altdorf, ist der erste Erfinder der alleraccu-
ratesten Temperatur in der Musik; dieses berichtet
einer seiner Schüler, Namens

Prinz in der Sing- und Kling-Kunst. Dresden. 1690.
4. S. 141.

Terentius s. Schauspiel.

Terminus s. Grenzstein.

Terpander s. Cither, Elegie, Hackbret, Lyre, Ly-
rische Dichtkunst, Noten, Tonart.

Terra di Labradore, welches auch das Land der
Esquimaux, Neu-Brittanien oder Cortereal heißt,
wurde zuerst von den Dänen entdeckt a); nach andern sollen aber die Venetianer Nicolao und Andrea
Zeni die Küste davon gesehen haben b). Hernach
kamen die Spanier und gaben dem Lande den Namen Terra die Labradore; im Jahr 1612 wurde
dieses Land durch den Engländer Heinrich Hudson
völlig bekannt c).

a) Wittenbergisches Wochenblatt. 1776. St. 50.
b) Universal-Lex. IV. p. 1314. c) Wittenberg.
Wochenblatt a. a. O.

Terra firma; die Küste davon, welche Paria heißt,
entdeckte Kolumbus 1496.

Antipandora I. S. 92.

Terre-Neuve, Neu-Foundland, eine Insel von 2090 Quadratmeilen, in deren Gewässern der Stockfisch gefangen wird, wurde 1497 durch den Venetianer Sebastian Cabot entdeckt, der in Englands Diensten stand; er nannte dieses Land prima vista a). Die Engländer nahmen es schon 1583 in Besitz b), doch errichteten sie daselbst erst 1608 die ersten festen Wohnplätze, die Bestand hatten. Im Jahr 1687 legten die Franzosen an dem Eingange der Bay Plaisance ein Kastell an c).

a) Allgem. Hist. Lex. Leipzig 1709. IV. p. 20. b) Reichels Geographie. S. 360. c) Königl. Grosbritt. Geneal. Kalender. 1780. Lauenburg.

Tertienuhr. Herr Hofmechanikus Gropp hat eine Tertienuhr erfunden, deren Zeiger binnen einer Secunde einen richtigen Zirkel von 60 Strichen bezeichnet und bey jedem Striche kann man die Uhr anhalten und wirken lassen, um zu bemerken, wie viele Tertien in einer gegebenen Zeit verflossen sind.

Kayf. privileg. Reichs-Anzeiger. 1793. Nr. 1. S. 60.

Tertullian f. Sacrament.

Tespis f. Thespis.

Tessin (James) f. Pasten.

Teston war eine Münze in Frankreich, die erst 10, dann 15 und in Lothringen 20 Sols galt. Ludwig XII ließ sie zuerst schlagen und Heinrich III hat sie wieder abgeschaft.

Jacobson Technol. Wörterbuch IV. S. 385.

Testudo oder Chelis war ein musikalisches Instrument von sieben Seiten, welches Merkurius erfunden haben soll.

Jacob-

Jacobson Technol. Wörterbuch. IV. S. 385.

Tetractische Rechenkunst, Tetractys, ist eine vom Professor Weigel in Jena erfundene und 1687 von ihm beschriebene Rechenkunst, in der nur mit 1. 2. 3. und 0 gerechnet wird. vergl. Rechenkunst.

Tetragonometrie ist die von Joh. Ludolf erfundene Wissenschaft, vermittelst der Quadratzahlen zu rechnen, welche sehr vortheilhaft ist, wenn man große Zahlen durch einander multipliciren und dividiren soll, weil man durch geringe Addition und Subtraction fast eben so geschwind, als durch Logarithmen fertig werden kann. Des Erfinders Tabellen der Quadratzahlen von 1 bis 100,000 sind unter dem Titel: Tetragonometriae Tabulae zu Erfurt herausgekommen.

Jablonskie Allgem. Hist. Lex. 1767. Leipzig. II. S. 1540.

Terneborn (von) s. Hebel.

Teuber (Gottfried) s. Hygrometer, Mitroscop.

Teuber s. Pflaster.

Trucer s. Opfer.

Teutleben (Caspar von) s. Gesellschaften der Gelehrten.

Thaaut oder Thot s. Buchstaben, Geschichte, Philosophie.

Thaler hießen anfangs Güldengroschen und bestanden aus zwey Loth feinem Silber und wurden zuerst vom Kayser Maximilian I im Jahr 1479, dann vom Erzherzoge Sigismund 1484, und in Sachsen zuerst vom Kurfürst Friedrich im Jahr 1500 geprägt; die letztern sind die Thaler mit drey Gesichtern,

E 3

tern, welche den Kurfürst Friedrich und die Herzoge Johann und Georg von Sachsen vorstellen. Als man aber bey Joachimsthal in Böhmen ein sehr ergiebiges Silberbergwerk entdeckte und die Besitzer desselben, die Grafen von Schlick, aus diesem Silber in den Jahren 1500 und 1515, besonders 1517 zu Joachimsthal eine große Anzahl solcher zwey Loth schwerer Güldengroschen, und zwar, wie einige wollen, mit dem Bildniß des heiligen Joachim, prägen ließen: so bekamen diese Münzen theils von dem Bergwerk, welches das Silber dazu lieferte, theils von dem Münzort Joachimsthal den Namen Joachimsthaler, woraus hernach durch Abkürzung der Name Thaler entstand a). Einige nannten diese Münzen auch Schlickenthaler, weil die Grafen von Schlick dieselben hatten prägen lassen. In Brandenburg ließ der Kurfürst Joachim I im Jahr 1521 zuerst brandenburgische Thaler schlagen b). Im Jahr 1528 wurden zu Nürnberg Thaler geprägt.

a) Jablonskie Allgem. Lex. Leipzig. 1767. II. S. 1545. Pütters Handbuch der deutschen Reichs-Historie. Göttingen. 1762. S. 490. Hommels Akadem. Reden über Mascows Buch de jure Feudorum. 1798. S. 195. b) Geschichte der Wissenschaften in der Mark Brandenburg von Moehsen. 1781. S. 567.

Thales von Mileto f. Astronomie, Buch, Electricität, Feldmeßkunst, Finsterniß, Geometrie, Gestalt der Erde, Himmelskugel, Jahr, Landkarte, Mathematik, Mechanik, Methaphysik, Monat, Nachtgleiche, Philosophie, Physik, Rechenkunst, Schiffahrt, Schule, Thierkreis, Triangel, Trigonometrie, Wendezirkel, Zirkel, Zonen.

Tha-

Thales von Creta oder **Thaletas** f. Päan.

Thamyris oder **Thamyres** f. Dichtkunst, Lyre, Musik, Wahrsagerkunst.

Tharah f. Bildförmkunst, Götzendienst.

Thau ist eine Feuchtigkeit, die sich nach Untergang und vor Aufgang der Sonne, besonders in den heißen Monaten, in Gestalt der Tropfen an die Pflanzen und andere Körper anhängt. Die Alten glaubten, der Thau komme von den Sternen, und Vossius behauptete noch, daß er wenigstens eine deutsche Meile hoch über der Erde erzeugt würde; aber Christian Ludwig Gersten, Professor zu Gießen, bewieß 1733 zuerst durch Versuche, daß wenigstens in Hessen der Thau fast immer aufsteige, auch entdeckte er zuerst, daß Körper, die auf Metallblechen lagen, vom Thaue nicht naß wurden. Du Fay machte 1736 bekannt, daß an aufgehängten Glasplatten nur die untere Seite naß wurde, bey vielen wagerecht über einander aufgehängten Glasplatten wurden die untern eher naß als die oberen. Er entdeckte, daß der Thau gewisse Körper, als Glas, Porzellan, Schiefer, rohes und verrostetes Eisen, wie auch gewisse Farben stärker treffe, daß er hingegen sich an Gold, vergoldetes Silber, weißgesottenes Silber und Kupfer nicht anhänge. Wenn er Glas auf einer Seite, nach Art der elektrischen Ladungsplatten belegte, so ward es nicht mehr bethaut, woraus Du Fay schloß, daß der Thau nur aufsteige und vermuthete, daß er mit der Electricität in Verbindung stehe. Musschenbroek nahm auch einen fallenden Thau an und zeigt durch Ver-

Verſuche, daß mancher Thau auf alle Körper ohne
Unterſchied, mancher aber nur auf gewiſſe Körper,
als Glas und Porzellan, nicht aber auf polirtes
Gold und Steine, wie auch nicht auf Körper von
jeder Farbe falle, denn rohe Kalbfelle, rother und
gelber Saffian werden vom Thau ſehr naß, aber
ſchwarzes und blaues Leder nahmen den Thau weniger an. Auch Muſſchenbroek vermuthete beym
Thau eine Mitwirkung der Electricität und beſtätigte die Bemerkung des Ariſtoteles, daß es bey
ſtarkem Winde niemals thaue. Le Roy gab 1751
aus ſeinem Syſtem über die Auflöſung des Waſſers
in der Luft, eine ſehr leichte Erklärung ſowohl
vom Steigen als auch vom Fallen des Thaues und
zeigte, daß es ſich mit dem Thau eben ſo, wie mit
dem Beſchlagen der Fenſter geheizter Zimmer im
Winter und mit dem Anlaufen kälter Körper verhält, die man ſchnell in Wärme bringt. Herr de
Sauſſure fand, daß die Luftelectricität während
des Thaues ſtärker wurde. De Luc leitet aus ſeinen ſchon 1749 angeſtellten Verſuchen das Bethau-
en der Körper von einem wahren Niederfallen des
Waſſers, aber die Befeuchtung der Pflanzen mehr
von einem Mechanismus der Vegetation her. Hube
leitete 1790 den Thau von unaufgelöſeten Waſſer-
bläschen her, die ſich in der untern Luft befinden
und behauptet ebenfalls, daß die Luftelectricität
zur Abſonderung des Thaues das meiſte beytrage.

Manche Arten des Honig- oder Mehlthaues
können aus den Pflanzen ſelbſt ausſchwitzen, oder
von Krankheit und Verderbniß derſelben herrühren,

　　　　　　　　　　　　　　　　　　ande-

andere ſind über Säfte gewiſſer Inſecten. Lecke
zeigte 1762, daß eine Art des Honigthaues von
Blattläuſen herrühre.

Gehler phyſikaliſches Wörterbuch. IV. S. 289 folg.

Thuya Theophraſti, arbor vitae.   Baum des Lebens
wurde zuerſt aus Amerika nach Europa gebracht.

Jablonskie Allgem. Lex. Leipzig. 1767. II. 1565.

Theagenes ſ. Geſchichte der Gelehrſamkeit.

Theano ſ. Geſchichte der Gelehrſamkeit, Philoſophie.

Theater iſt der Ort oder das Gebäude, wo die Schau-
ſpiele aufgeführt werden.   Die Erfindung deſſelben
wird den Athenienſern zugeſchrieben.   Theſpis, der
in der 61. Olymp. lebte, war der erſte, den man
mit Namen kennt, der in Attika herumzog und ſeine
Stücke auf einem beweglichen Theater, das auf
einem Karren ſtand, aufführte.   Das Theater der
Alten hatte keine Wände, es war mehr eine Art
von Hütte, die aus Baumreiſern gemacht war;
dann bauete man dergleichen Hütten mit verſchiedenen Abtheilungen und endlich machte man das Theater aus Bretern, welche anfangs, wenn die Spiele
geendiget waren, wieder abgebrochen wurden.
Aeſchylus, der um 3494 berühmt war, ließ durch
den Agatharguß zu Athen das erſte unbewegliche
Theater bauen, das auf einem mäßig erhabenen
Gerüſte ſtand.   Er erfand auch Decorationen, indem er die wahren Oerter der Scenen durch Gemälde und Maſchinen nachahmen ließ.   Sein Theater war noch von Bretern, erſt, als es einmal zu-
ſammenſtürzte, ließ man ein ſteinernes Schauſpiel-
haus bauen.

E 5   Die

Die Römer hatten bereits 391 Jahr nach Roms Erbauung eine Schaubühne, die den ersten Schaubühnen der Griechen ähnlich war. Cornelius Tacitus erzählt, daß Pompejus Magnus das erste stete Theater aus Stein bauete, und Plutarch meldet, daß er das Muster dazu, nach dem Siege über den Mithridates, von dem Theater zu Mitylene nahm. Eins der prächtigsten Theater zu Rom war das, welches der Aedilis Scaurus bauen ließ.

Der Maschinist Louis Riquet hat für das Schauspielhaus in Bourdeaux eine Maschine erfunden und verfertiget, durch die ein einziger Mann, binnen einer Minute, den Fußboden des Parterre in die Höhe heben und dem Theater gleich machen kann. Dieser Fußboden ist 45 Schuhe breit, 32 Schuhe lang und wiegt etwa 60000 Pfund a). Rußland erhielt durch Unterstützung der Kayserin Catharina II im Jahr 1765 das erste russische Nationaltheater b).

a) Journal de Paris 1781. Nr. 80. b) Allgem. Lit. Zeitung. Jena. 1791. Nr. 230. Gerber Biographisches Lexicon der Tonkünstler. I. Th. Leipzig. 1790.

Thee ist das Blatt eines Strauchs, der häufig in China und Japan wächst. Die Chineser haben folgende Fabel von der Entstehung der Theestaude: ein heiliger Mann, Namens Darma, der seinem Gott zu Ehren beständig wachte, hatte den Verdruß, daß ihn zuletzt der Schlaf überwältigte. Hierüber ward er so unwillig, daß er sich die Augenlieder abschnitt und aus diesen Augenliedern wuchs die Theepflanze. Nach dieser Erzählung

soll

soll die Theestunde sein. Gift oder Wachsamkeit seyn a).

Die Europäer haben den Thee in China und zwar in Kotten, wo sie zuerst landeten, kennen gelernt und nannten ihn Tia oder Té; weil er in Fokien so hieß b).

Im Jahr 1666 brachte Lord Arlington das erste Pfund Thee aus Holland nach England c). Das Pfund kostete damals 3 Pfund Sterling oder 30 Gulden, welcher Preis bis 1707 blieb. Eckeberg brachte 1763 die ersten grünenden Theestauden nach Schweden d). In Deutschland machte Cornelius Bontekoe zuerst den Thee bekannt e).

a) Vermischte Aufsätze zum Nutzen und Vergnügen und charakteristische Züge aus der wirklichen Welt. Ein Lesebuch. Eisenach. 1792. 1. B. S. 147. b) Antipandora II. S. 187. c) Antipandora I. S. 461. d) Allgem. Lit. Zeitung. Jena. 1792. Nummer 167. in der Recension der Gedächtniß-Rede auf den Capitain bey der Admiralität und Ritter vom Wasa Orden Carl Gustav Eckeberg. e) J. A. Fabricii Allgem. Historie der Gelehrsamkeit 1754. X B. S. 1085.

Theer ist ein mit Harz und Gummi vermischtes zähes Oel, das man aus harzigem Nadelholz durch eine niedergehende Destillation erhält. Plinius beschreibt schon die Kunst, Theer zu schwelen und Theophrast meldete, daß die Macedonier ihn fast wie die Schweden, in Gruben bereiteten a). In England hat D. Becher aus Steinkohlen Theer zu machen gezeigt b). Der Schiffstheer ist eine Mischung von

von ſchwarzem Pech, Glaspech, Unſchlitt und
Theer, welches, unter einander geſchmolzen, zum
Calfatern der Schiffe, das iſt, dazu dient, die
Lücken zu verſtreichen, damit kein Waſſer ins Schiff
dringen kann.   Von Verſailles meldete man, am
23. Jul. 1722 daß ein Ingenieur, der im Seeweſen
Erfahrung hatte, einen neuen Schiffstheer erfunden habe, der kein Feuer fängt.   Die Probe wurde
zu Marſeille in Gegenwart des Grafen von Toulouſe gemacht und bewährt gefunden.   Zu Petersburg fand ſich im Jahr 1724 ein Künſtler, der
ebenfalls einen Schiffstheer verfertigte, welcher
die Schiffe wider Brand ſicherte.   Am 5ten May
1723 machte er zu Petersburg die öffentliche Probe
ſeiner Kunſt und weder Pechkränze, noch zehnpfün-
dige Kanonenkugeln konnten das Kriegsschiff, das
mit dieſem Theer beſtrichen war, anzünden c).
Bergtheer oder Erdpech durch die Kunſt im Großen
zu verfertigen, ſo daß es dem natürlichen an Güte
und Wohlfeilheit vorzuziehen iſt, hat der kaiſerliche
Landrechts-Secretair Baron von Meidinger in
Wien erfunden, welche Erfindung 1795 bekannt gemacht wurde d).

a) Theophraſt. Hiſt. Plantar. Lib. 9. c. 3. b) Jablonskie Allgem. Lex Leipzig. 1709. II. S. 1534. c) Univerſal. Lex. 34. B S. 1509. d) Arnſtädter Zeitung.
1795. 6te Woche. Mittwochs, den 11. Februar.

Theerofen. Eine nützliche Verbeſſerung deſſelben
gab der Baron Funk in Schweden, im Jahr
1748, an.

Beckmanns Technologie. 1787. S. 354.

Theewaſſer wurde als ein Arzneymittel zuerſt 1743
in

in Dublin und London, dann auch anderwärts, bekannt. Der D. Georg Berkeley, Bischoff zu Cloyne in Irrland, sahe bey seiner Mission in Amerika, daß man besonders in Carolina das Theerwasser als Präservativ und Präparativ bey den Kinderblattern brauchte; als er nun nach Irrland zurückkam, brauchte er es zuerst an einigen Personen von seiner Familie, dann auch bey andern, besonders bey Armen, mit glücklichem Erfolg. Einige Geldgierige lernten die Bereitung des Theerwassers von ihm und trieben Wucher damit; als dieses der Bischof erfuhr, machte er die Bereitung desselben in Schriften bekannt. D. Karl Hompswood in London hielt das Wasser nicht für das einzige menstruum, welches das flüchtige Gesundheitssalz aus dem Theere herauszuziehen vermöchte, sondern brauchte dazu einen alkoholisirten Brandewein, der auch den Balsam und den gewürzhaften Geruch aus dem Theere mit herübernahm und nannte dieses eine Theeressenz, die er 1746 bekannt machte.

Jablonski Allgem. Lex. Leipzig. 1709. II. S. 1549.

Theile (Joh. Alex.) s. Pastelmalerey.

Theilscheibe. Eine neue Methode zur genauen Eintheilung astronomischer Instrumente erfand Heinrich Hindley und machte sie 1748 dem Smeaton bekannt.

Lichtenbergs Magazin. IV. B. 4. St. S. 73. 1787.

Theilungs-Instrument. Johann Georg Valentin, Eisenhammerschmidt zu Rotenburg an der Tauber hat 1764 ein von ihm erfundenes mechanisches Instrument bekannt gemacht, mit dem man alle mathematische Bogen- und Zirkel-Instrumente, welche

ein

ein gemeines Centrum haben, von der größten Gattung bis zur kleinsten, auf eine sehr leichte Art, in
ihre gehörige Grade, Minuten und Secunden, wie
alle beliebige regulaire und irregulaire Zahlen, von
einem Grad an bis ins Tausend hinein, in die al-
lerrichtigste Vertheilung bringen kann a). Ramsden hatte schon 1763 die erste Idee zu einer vorzüglichen Theilungsmaschine für Kreisbogen aufgeführt,
brachte aber erst 1773 die verbesserte Einrichtung
derselben zu Stande, nach welcher man nunmehr
einen Sextanten in 20 Minuten Zeit eintheilen kann.
Die ganze Maschine besteht aus einem metallenen
Rad von 45 englischen Zollen im Durchmesser, das
auf einem Gerüste von Mahagonyholz ruht. Ramsden hat auch noch eine Maschine erfunden und 1779
bekannt gemacht, mit welcher man gerade Linien,
ohne den Fehler des viertausendsten Theils eines
Zolles, sehr leicht und bequem, ja so gar die kleinsten Längen, als Zolle und Linien, so weit, als es
nur der menschlichen Kunst möglich ist und zwar
mit einer Genauigkeit, die alles übertrifft, theilen
kann b). Für die Maschine, womit man die
Kreisbogen theilt, erhielt Ramsden 1776 von der
Commission der Länge 615 Pfund Sterling. Die
erste Auflage des Werks, worinne diese Maschine
beschrieben wird, erschien 1777 zu London, sie ver-
brannte aber bis auf wenige Exemplare.

a) Fränk. Samml. VIII. Th. S. 311. b) Allgem.
Lit. Zeitung. 1791. Nr. 103. Wittenberg. Wochenblatt. 1772. St. 48. Description d'une machine
pour diviser les instruments de Mathematique, par
Mr. Ramsden, de la societé Royale de Londres,
publiée

publiée à Londres en 1777. par ordre du Bureau
des longitudes etc.

Themis f. Rechtsgelehrſamkeit.

Themiſon f. Kräuterkunde.

Themiſtocles f. Hahnenkampf, Schiffahrt.

Theobald von Navarra f. Reime.

Theodor von Lemnos f. Labyrinth.

Theodor von Samos f. Bildgießerkunſt, Bildhauer-
kunſt, Dreheiſen, Drehſcheibe, Gewicht, Nagel,
Richtſcheid, Schloß, Schlüſſel, Setzwaage, Stein-
ſchleiferkunſt, Töpferſcheibe, Waage, Winkelha-
ken oder Winkelmaaß.

Theodor aus Theben in Egypten f. Pfeife.

Theodoretus f. Philoſophie.

Theodori (Petrus) f. Sternbilder.

Theodorich aus Prag f. Oelmalereny.

Theodorich I. f. Rechtsgelehrſamkeit.

Theodorus von Gaza f. Grammatik.

Theodoſius der Bithynier f. Sonnenuhr.

Theodoſius II. f. Rechtsgelehrſamkeit, Schule.

Theodotus f. Philoſophie.

Theognis f. Philoſophie, Sittenlehre.

Theokles f. Elegie.

Theokrit f. Bilderreime, Hirtengedicht.

Theophilus f. Rechtsgelehrſamkeit.

Theophraſt von Ereſus f. Electricität, Geometrie,
Kräuterkunde, Materia medica, Naturgeſchichte,
Philoſophie, Phyſik, Rechenkunſt, Sittenlehre,
Staatskunſt.

Theophraſt aus Pierien f. Lyre.

Theo=

Theophraſtus Paracelſus ſ. Goldmacherkunſt.

Theorbe iſt ein muſikaliſches Inſtrument, das der großen Baßlaute gleicht, nur daß es mehr Saiten, nemlich 14 bis 16 Chor-Saiten hat und über dem rechten Hals, darauf ſonſt die Bände liegen, welches an den Lauten der Griff genannt wird, noch einen längern Hals hat. Der Erfinder dieſes Inſtruments war Hottemann.

> J. A. Fabricii Allgem. Hiſt. der Gelehrſ. 1754. 3. B. S. 1043.

Therapeutik iſt die Kunſt, den Kranken die Arzney-mittel gehörig beyzubringen. Den Anfang zu dieſer Kunſt ſoll der Dichter Orpheus gemacht haben.

> J. A. Fabricii Allgem. Hiſt. der Gelehrſ. 1752. 2. B. S. 81.

Theriak iſt eine aus Specereyen zuſammengeſetzte Latwerge, die auch als Gegengift gebraucht wird und ihren Namen von den Nattern oder Vipern hat, weil der erſte Erfinder des Theriaks, Andromachus aus Creta, der wegen dieſer Erfindung vom Kayſer Nero den Titel Archiater oder Leibarzt bekam, das Fleiſch der Nattern oder Vipern dazu nahm a). Eudemus hat eine Art von Theriak in Verſen beſchrieben. b). Adam von Bodenſtein erfand einen Theriak wider die Peſt c).

> a) Actuarius de Medic. Method. Lib. 5. c. 6. Voſſius de Philoſ. Cap. XII. p. 95. Peter Bayle Hiſt. crit. Wörterbuch. 1740. I. 237. b) Le Clerc. Hiſt. de la Medecine. P. II. Lib. IV. S. 1. c. 1. p. 445. c) J. A. Fabricii Allgem. Hiſt. d. Gelehrſ. 1754. 3. B. S. 533.

Therikles ſ. Steindrechſeln.

Ther

Thermometer d. i. Wärmemaaß, oder richtiger Thermoscop d. i. Wärmezeiger, ist ein Werkzeug zur Bestimmung der freyen oder fühlbaren Wärme der Luft und andrer Körper. Es besteht aus einer gläsernen Röhre, an deren Ende eine Kugel angeschmolzen ist, die mit Weingeist oder Quecksilber angefüllt ist, welche Massen durch ihr Steigen oder Fallen die Abwechselungen in der Wärme oder Kälte der Luft anzeigen. Die Länge der Röhre ist in gewisse Grade abgetheilt, damit man den Unterschied des Steigens und Fallens wahrnehmen kann. Wahrscheinlich hat die Ausdehnung und Zusammenziehung der Körper durch Wärme und Kälte zur Erfindung des Thermometers Gelegenheit gegeben.

Die Erfindung des Thermometers wird von den meisten dem Cornelius Drebbel, einem Landmann aus Alkmar in Nordholland zugeschrieben, der dieses Werkzeug um 1638 erfand und durch den es schon in der ersten Hälfte des 17ten Jahrhunderts in Holland und England bekannt wurde. Es gründet sich auf die Ausdehnung der Luft und ist sehr empfindlich, aber unrichtig, weil es zugleich ein Barometer ist a). Dem Engländer Robert Fludd hat man diese Erfindung wohl nur deswegen zugeeignet, weil er in seinen schwärmerischen Schriften viel Seltsames vom Thermometer erzählte.

Der berühmte paduanische Arzt Sanctorius erklärt sich zwar selbst für den Erfinder eines Werkzeugs, das zur Erforschung der verschiedenen Temperatur des Körpers der Kranken diene; aber Musschenbroek erinnert dagegen, daß dieses Instrument aus-

auswärtig nicht bekannt worden sey, daher sich die frühe Verbreitung des Thermometers durch England und Holland aus dieser Quelle nicht herschreiben könne. Viviani schreibt eben diese Erfindung dem Galiläus (geb. zu Pisa 1564, † 1642) und P. Fulgenzio schreibt sie dem großen venetianischen Theologen Paul Sarpi zu, der auch Fra Paolo heißt, aber keiner hat Grund dazu.

Drebbels Thermometer gab die Wärme durch Ausdehnung der Luft an; in dem Gefäße befindet sich gemeines Wasser mit Scheidewasser vermischt, damit es nicht so bald gefrieret. Da aber der Druck des Luftkreises darauf wirkt: so zeigt es die Wärme nicht allein, sondern auch die Dichte der eingeschlossenen Luft an, wie das Varignonische Manometer thut.

Florentinisches Thermometer.

Die Mitglieder der Akademie del Cimento zu Florenz fiengen um die Mitte des vorigen Jahrhunderts, nach andern 1673 zuerst an, die Kugeln mit gefärbtem Weingeist zu füllen, und die Röhre oben zuzuschmelzen b), woraus das florentinische Thermometer entstand, welches die Veränderungen der Wärme durch die Ausdehnung des Weingeists angiebt. Man könnte aber mehrere Thermometer dieser Art noch nicht so einrichten, daß sie bey einerley Wärme auch einerley Grad zeigten oder vergleichbare Thermometer wurden. Im Jahr 1694 that Renaldini, Professor zu Padua, den ersten Vorschlag, dem florentinischen Thermometer bei

beſtimmte Grade zu geben und obgleich ſeine Methode noch fehlerhaft war: ſo lag doch ſchon der
erſte Gedanke darinn, den Eis- und Siedpunkt zu
bemerken, und ihrem Abſtande eine beſtimmte Zahl
von Theilen zu geben, welches für jene Zeit ſehr
viel war. Nachher hat man dieſem Gedanken nur
genauere Beſtimmungen dieſer Punkte noch beyfü-
gen können e).

Newton machte 1701 bekannt, daß er ſich zur
Beſtimmung einiger beſtändigen Grade von Wärme
eines Thermometers von Leinöl bediene, weil dieſe
Materie weit mehr Hitze, als der Weingeiſt, ohne
zu kochen, verträgt. Er legte dabey die Punkte
zum Grunde, an denen das Leinöl im zergehenden
Schnee und bey der Wärme des menſchlichen Körpers ſtand und theilte den Raum zwiſchen beyden in
12 Grade. d).

Luftthermometer.

Statt des Weingeiſts beym florentiniſchen Thermometer ſchlug Halley ſchon 1680 Luft oder Queckſilber vor, weil der Weingeiſt mit der Zeit die Fähigkeit, ſich auszudehnen, verlieret. Amontons
benutzte das erſte Mittel und machte 1702 das von
ihm erfundene Luftthermometer bekannt, welches
aus der langen unten aufwärts gekrümmten Glas-
röhre mit der angeſchmolzenen Kugel beſteht. Die
Kugel war voll Luft, daher bekam es den Namen
Luftthermometer; in der Röhre befand ſich ſo viel
Queckſilber, daß, wenn das Inſtrument im ſiedenden Waſſer ſtand, die Höhe der Queckſilberſäule
über der untern Queckſilberfläche, mit der Baro-
meterhöhe zuſammengenommen, 73 pariſer Zoll be-
F 2 trug.

trug. Es ist sehr sinnreich ausgedacht, ist aber 4 Schuh lang und läßt sich also schwerlich ganz in siedendes Wasser stellen, auch nicht ohne Gefahr des Herausgehens der Luft von einem Orte zum andern bringen. Indessen kann dieses Werkzeug zur Abmessung der eingeschlossenen dichten Luft sehr gut gebraucht werden.

Amontons will sich auch die Entdeckung zueignen, daß die Wärme des siedenden Wassers ein fester Punkt oder immer eben dieselbe sey, aber Renaldini und Newton mußten dieses schon vor ihm; Huygens und Papin hatten sogar schon gezeigt, daß der Satz Ausnahmen leidet, wenn der Druck der Luft wegfällt oder sehr stark wird.

Nachher gab Herrmann ein Luftthermometer an und Daniel Bernoulli zeigte eine Methode, die Röhre in eine schiefe Lage zu bringen, um dadurch den Fehler zu vermeiden, der aus dem Auf- und Abrücken der Quecksilberfläche entsteht, wodurch der Raum in der That verändert wird; da es aber beschwerlich ist, der Röhre eine schiefe Lage zu geben: so hat Herr von Segner 1739 gezeigt, wie man eben diese Vortheile durch Berechnung erhalten kann. Man hat auch ein Luftthermometer von Lambert. Kinnersley in Philadelphia erfand und beschrieb im Jahr 1761 ein electrisches Luftthermometer, welches bey der mindesten Veränderung der inwendigen Luft äusserst empfindlich ist. Er hat durch Versuche damit herausgebracht, daß das electrische Feuer zwar im Zustande der Ruhe keine merkliche Wärme hervorbringt, aber in heftige Bewegung

wegung gesetzt und indem es überall Widerstand
findet, in verschiedenen, zumal kleinern und dichte-
ren Körpern, Wärme und Hitze verursacht e).

Fahrenheits Thermometer.

Das große Verdienst, die ersten übereinstim-
menden Thermometer gemacht zu haben, gehört
dem berühmten Daniel Gabriel Fahrenheit, einem
Künstler aus Danzig, der sich nachher in Holland
niederließ; er schenkte im Jahr 1714 dem Herrn
von Wolf zwey Weingeistthermometer von sieben
Zoll Länge, die vollkommen mit einander überein-
stimmten und 1724 machte Fahrenheit selbst seine
Methode allgemein bekannt. Fahrenheit nahm für
die Grenze der größten Kälte diejenige an, die er
im strengen Winter 1709 zu Danzig bemerkt hatte
und die er allemal wieder hervorbringen konnte,
wenn er das Thermometer in eine Mischung von
Schnee und Salmiak, zu gleichen Theilen genommen, setzte, worin der Weingeist so tief, wie im
Jahr 1709 sank; diesen Punkt nannte er den künstlichen Eispunkt und bemerkte ihn mit Null. Der
andere Punkt bezeichnete die natürliche Wärme des
Bluts im menschlichen Körper und der Zwischenraum zwischen beyden war in 96 Grad eingetheilt.

Halley hatte schon 1680 den Vorschlag gethan,
das florentinische Thermometer statt des Weingeists
mit Quecksilber zu füllen und Fahrenheit befolgte
diesen Vorschlag seit 1709 mit vielem Glücke.
Wenn Fahrenheit das Volumen des Quecksilbers,
das auf o stand, in 11124 Theile theilte, so dehn-

F 3 te

te es sich bis zum Punkte der natürlichen Gefrierung des Wassers um 32, wenn man es in siedendes Wasser setzte, um 212, und wenn man das Quecksilber bis zum Kochen erhitzte, um 600 solcher Theile aus. Daher gab Fahrenheit dem Raume zwischen der künstlichen Kälte und der Südhitze des Quecksilbers, als der größten Wärme, die diese Materie anzeigen konnte, 600 gleiche Theile. Weil aber Thermometer von so großem Umfange nicht immer nöthig sind: so verfertigte er kleinere, die sich nur bis zur Südhitze des Wassers erstreckten und an welchen der Zwischenraum zwischen beyden festen Punkten nur 212 Theile faßte. So entstand die noch jetzt gewöhnliche Fahrenheitische Scale, die dem Thermometer zuerst eine bestimmte und allgemein verständliche Sprache gab und an deren Einrichtung und Empfehlung Boerhave sehr großen Antheil hat.

De Luc hat die Vorzüge dieses Quecksilberthermometers vor dem Weingeistthermometer aufs überzeugendste dargestellt, indem er bewies, daß die Gänge des Quecksilbers und der Wärme immer wenig von einander abwichen, daher das Quecksilber die geschickteste Materie zu Thermometern ist.

De Serviere hat bemerkt, daß die Quecksilbersäule in einem vertikalstehenden Thermometer der richtigen Bewegung durch ihre eigne Schwere nachtheilig sey und daß diesem Mangel durch die horizontale Lage dieses Instruments abgeholfen werden könne.

Herr von Reaumür gab 1730 eine neue Eintheilung des Weingeistthermometers an. Er ver-

dünn-

dünnte Weingeist, der Pulver zündete, mit ⅐ Waſſer, damit er in den Stand geſetzt würde, etwas
mehr Hitze ohne Kochen anzunehmen. Zum untern
feſten Punkte nahm er denjenigen an, bey welchem
der Liquor ſteht, wenn die Kugel der zum Gefrieren des Waſſers hinreichenden Kälte ausgeſetzt iſt.
Dieſes iſt der jetzt allgemein bekannte natürliche
Eispunkt, Gefrierpunkt, Aufthauungspunkt. Er
beſtimmte dieſen Punkt, indem er die Kugel in
Waſſer einſenkte, welches durch eine um das Gefäß
gelegte Miſchung von geſchabtem Eis und Salz zum
Gefrieren gebracht ward. An dieſen Punkt ſetzte
er die Null ſeiner Eintheilung und nahm das Volumen des Weingeiſts, wenn es bis dahin reichte,
für 1000 an. Er unterſuchte durch ein ſehr ſinn-
reiches Verfahren, wobey Kugel und Röhre ver-
mittelſt kleiner gläſerner Maaße mit Waſſer gefüllt
wurden, wie viel jedes Tauſendtheilchen dieſes Volumens in der Röhre Raum einnehme. Weil er
nun gefunden hatte, daß ſich ſein verdünnter Weingeiſt bis zur größten Hitze, die er im ſiedenden
Waſſer anzunehmen fähig war, um 80 Tauſend-
theile des gedachten Volumens ausdehne: ſo er-
ſtreckte er ſein Thermometer bis auf den 80ten Grad
über 0, füllte es im gefrierenden Waſſer bis an den
Eispunkt an, ließ den Liquor in ſiedendem Waſſer
bis zum 80ten Grade ſteigen und blies in dieſem
Zuſtande das obere Ende der Röhre an einer Lampe
zu. Indeſſen haben Martine 1740, Desaguliers
1744, Muſſchenbroek 1751, Haubold 1771 und
beſonders Di Luc an dieſem Thermometer ſolche
Mängel entdeckt, die es zu richtigen Beſtimmun-

F 4   gen

gen unbequem machten. Eigentlich sollte das Reaumürische Thermometer blos mit Weingeist gefüllt seyn, man macht aber auch diese Eintheilung an die Quecksilber Thermometer und nennt sie unrichtig Reaumurische.

Del' Jslisches Thermometer.

De l'Jsle legte 1733 der Akademie zu Petersburg ein Quecksilberthermometer vor, dessen Einrichtung von einem einzigen festen Punkte, nemlich dem Siedpunkte des Wassers, und dem Verhältnisse der Verdichtung durch die Kälte abhieng. Er setzte dem zufolge die Null an den Siedpunkt, und zählte die Grade, welche Hunderttausends oder Zehntausendtheilchen ihres Volumens vorstellen sollten, von oben herab und nahm bey der Eintheilung 150 Grade an, welches die noch jetzt gewöhnliche De l'Jslische Scale ist. De Luc hat indessen aus sicheren Gründen gezeigt, daß man die Scale der Thermometer nicht auf einen einzigen, sondern mit Newton und Fahrenheit auf zwey feste Punkte der Wärme gründen müsse.

Der Professor Christin zu Lyon theilte am Quecksilber-Thermometer den Raum zwischen dem Eis und Siedpunkte in 100 gleiche Theile ein, welches viele Bequemlichkeit giebt; doch scheint er nicht auf diese feste Punkte selbst, sondern auf das Ausdehnungsverhältniß des Quecksilbers gesehen zu haben, welches er zwischen beyden Punkten wie 66: 67 annahm, so daß seine Grade eigentlich 6600 Theile des ganzen Volumens vorstellen sollen. Der Professor Celsius in Upsalo äusserte 1742 mit

Recht

Recht, daß es beſſer ſey, blos auf zwey feſte
Punkte zu ſehen und nicht auf die ſo ſchwer und un-
ſicher zu beſtimmende Ausdehnungsverhältniſſe. Er
ſchlägt vor, auf jedem Thermometer den Stand
des Queckſilbers im zergehenden Schnee und im kochenden Waſſer zu unterſuchen und den Raum zwiſchen beyden allezeit in 100 Grade zu theilen. Die
ſchwediſchen Gelehrten folgten ihm in dieſer Eintheilung, daher nannte man dieſelbe die Schwedi-
ſche Scale, auch die Scale des Celſius oder des
Chriſtin.

Micheli Du Chreſt oder Ducreſt aus Genf
entwarf im Jahr 1740 den Plan zu einer neuen
Einrichtung des Weingeiſt-Thermometers. Er
nahm zwey beſondere Materien der Kälte und Wärme an, deren Wirkungen ſich im Inneren der Erde
völlig aufhöben, daher die Temperatur der Erdkugel bey ihm Null wird. Er bemerkte dieſe Temperatur in den Kellern der Pariſer Sternwarte, hielt
ſie an allen unterirdiſchen Orten für gleich und gab
ihr den Namen gemäßigt. Sein zweyter feſter
Punkt war die Siedhitze des Waſſers. Damit der
Weingeiſt dieſe annahm, ohne herauszulaufen,
ließ er Luft über demſelben und ſchmolz oben eine
kleine Kugel an, damit dieſe Luft beym höchſten
Stande des Weingeiſts nicht allzuſehr zuſammenge-
drückt würde. Hierdurch half er dem größten Fehler der vorigen Weingeiſtthermometer ab, in denen
der Liquor weit unter der Siedhitze des Waſſers geblieben war. Den Raum zwiſchen beyden Punkten theilte er in 100 Grade der Wärme und trug
unter die Null gleiche Grade der Kälte.

Uni.

Universal-Thermometer.

Diese verschiedene Abtheilungen der Thermometer in Grade verursachten manche Undeutlichkeit bey Bestimmung der Beobachtungen; daher erfand Micheli Du Chrest das Universal-Thermometer, welches er 1757 in einer französischen Schrift beschrieb, die 1765 ins Deutsche übersetzt wurde. Diese Erfindung machte es ihm möglich, alle Arten der Thermometer mit dem seinigen in Uebereinstimmung zu bringen, wodurch die Verschiedenheit der Thermometer in Bestimmung der Wärme und Kälte, und die Undeutlichkeit der so gemachten Beobachtungen gehoben wurde. Du Chrest verfertigte auch Thermometer, die unter einander selbst nicht verschieden waren. Der verstorbene Strohmeyer lieferte 1775 eine Tafel zu einem Universalthermometer und G. F. Brander hat das Universalthermometer verbessert und 1774 beschrieben. Das Universalthermometer, welches Herr Grubert in Frankreich erfand und welches die Scalen von 28 verschiedenen Thermometern enthält, hat in Deutschland nicht durchgängig Beyfall gefunden f).

De Lüc hat zuerst durch mühsame Untersuchungen eine genaue Vergleichung des Reaumürischen Weingeistthermometers mit dem Quecksilberthermometer von 80 Graden zu Stande gebracht. Er schlug auch zwey neue Scalen vor, eine zur Berichtigung des Barometerstandes wegen der Wärme des Quecksilbers, und die andere zur Berichtigung der berechneten Höhen, wegen der Temperatur der Luft. De Lüc fand auch, daß der Gang der Oele sehr

sehr wenig vom Gange des Queckſilbers abwich, und die Vergleichung zeigte, daß das weſentliche Camillenöl gerade eben ſo weit vom Queckſilber, als dieſes von der Wärme ſelbſt, abwich. Daher nahm De Lüc den Gang des Oelthermometers, in Vergleichung mit dem Queckſilberthermometer, für den Gang des letztern in Vergleichung mit der Wärme ſelbſt an. Auch erfand De Lüc ein Thermometer, an dem das Queckſilberbehälter aus einem Federkiele beſtand g) und Herr Moſſy verfertigte ſolche unter Aufſicht des Herrn Pater Cotte h).

Renaldini hatte ſchon vorgeſchlagen, das Thermometer in Miſchungen von kalten und warmen Waſſer zu graduiren und le Sage in Genf war darauf gekommen, mit der nöthigen Vorſicht das Thermometer in ſolche Miſchungen zu bringen und dadurch ein äquidifferentiales Thermometer zu verfertigen i). Du Chreſt ließ Regen- oder Schneewaſſer in einem Gefäße bey natürlicher Kälte ringsum gefrieren, brach dann die obere Rinde ein und ſetzte das Thermometer, ſo weit das Queckſilber reicht, hinein. Sicherer noch, obgleich nicht ſo bequem, iſt das Verfahren des Cavendiſch, welcher zur Beſtimmung der feſten Punkte zuerſt vorſchlug, das Thermometer gar nicht ins Waſſer zu ſenken, ſondern es blos in einem verſchloſſenen Gefäße dem Dampfe des ſiedenden Waſſers auszuſetzen. Cavendiſch erfand auch ein neues Thermometer, an dem man den höchſten Grad des Queckſilbers erkennen kann, ohne ihn eben zur Zeit der Ereignung obſervirt zu haben. Er läßt die Haarſpitze

spitze des Thermometers in eine gläserne Kugel ausgehen und füllt die Röhre des Thermometers von da, wo das Queckſilber aufhört, mit Weingeiſt voll, läßt auch etwas Weingeiſt in der Kugel, worinn dieſe Röhre ſteckt. Wenn nun das Queckſilber im Thermometer ſteigt: ſo treibt es den Weingeiſt oben heraus in die Kugel, wenn es aber in der Röhre wieder fällt, ſo ſoll ſich von ſeinem höchſten Stande an, bis ſo weit es herunterfällt, ein leerer Raum ereignen, deſſen Länge den vorigen hohen Stand des Thermometers anzeigt. Zur neuen Obſervation wird die Thermometerröhre wieder aufs neue gefüllt k).

Königsdörfer erfand Thermometer, die ſehr gut ſind und ſich durch beſondere Eintheilung der Scale auszeichnen l); auch Mudge in England hat neue Thermometer erfunden m). Roſenthal erfand ein Thermometer, das die Vorzüge des Lambertſchen und De Lücſchen in ſich vereinigt n). Die Herren Bernoulli und Kraft haben einen Thermometer mit kleinen nahe bey einander ſtehenden Anhängſeln angegeben o).

Der Abt Fontana hat zwey Inſtrumente erfunden, wodurch er den Sied= und Frierpunkt der Thermometer berichtigen kann. Dieſe Berichtigungs=Thermometer haben ſehr enge, aber 4 Fuß lange Röhren; an dem einen findet ſich der Gefrierpunkt und an dem andern der Siedpunkt in der Mitte der Röhren. Vermöge der kleinen Eintheilung des Grads kann er die kleinſten Veränderungen der Wärme und Kälte daran beobachten p).

ꝛ. ꝟ   Achard

Achard verfertigte Thermometer, an denen die
Kugel und Röhre aus durchsichtigem Porcellain war.
Auch hat er ein Werkzeug erfunden, wodurch man
das Verhältniß der Grade der Wärme einer kochenden Flüßigkeit zu dem Druck der Luft auf ihre Oberfläche bestimmen kann q). Mehrere Jahre zuvor
hatte schon Herr Legationsrath Lichtenberg in Go-
tha zu gleichem Behufe einen Apparat erfunden, womit die Versuche bequemer und mit mehrerer Schärfe gemacht werden konnten. Achard machte ferner
die Erfahrung, daß das Wasser bey niedrigem
Barometerstande eher kocht, als bey höherem, welches ihn auf den Gedanken brachte, die Höhen der
Berge mit dem Thermometer zu messen. Er hat
hierzu ein Thermometer erfunden, das vermittelst
eines leicht beweglichen Zeigers den 400ten Theil
eines Grads und den 200ten Theil eines Zolles
noch bemerkt r).

Als der Ritter Landriani über das Entwischen
der Wärme beym Festwerden der geschmolzenen Materien Versuche machte und auch Metallcompositio-
nen, die schon im kochenden Wasser schmolzen,
brauchte: so fiel ihm ein, sich der letztern zu bedienen, um den Siedpunkt an den Thermometern
sicher zu bestimmen, welches besonders an solchen
Orten von Nutzen ist, die entweder erhaben sind
oder wo der Barometerstand veränderlich ist s).

Einen Heliothermometer, der zur Untersuchung
der Kälte in höheren Gegenden dient und zeigt,
daß die Sonnenstralen durch Gläser und Spiegel
auf den höchsten Bergen eben so wirken, wie in der
Tiefe

Tiefe und fast noch schneller, hat Horaze Benedict
De Saussure angegeben t). Das Thermometre
flotant erfand Herr M. Charles Castelli, Professor
der Physik zu Mayland. Es zeigt die Wärme aller Flüssigkeiten auf die leichteste und bequemste
Art an und kostet eine Zechine u). Herr Luz empfahl die Thermometer mit Salmiakgeist, der fast
einerley Gang mit dem Weingeiste hat und durch
Grünspan eine schöne dauerhafte blaue Farbe an-
nimmt.

Metallthermometer.

Zu den Metallthermometern hat Graham den
ersten Gedanken und die erste Anlage gegeben v).
Sie gehören eigentlich zu den Pyrometern und beyde unterscheiden sich so, daß die Pyrometer die dem
Gefühl unerträglichen, aber die Thermometer die
geringeren Grade der Wärme angeben. Cromwell
Mortimer gab im Jahr 1735 ein Metallthermometer an, ein anderes erfand Frotheringham in Hol-
beach, dessen Erfindung der Künstler John Ingram
zu Spalding in Lincolnshire ausführte; bey diesen Erfindungen wurden die Veränderungen durch
Hebel bemerkt. Um die Veränderungen noch merk-
licher zu machen, brauchten andere statt der Hebel
Räderwerk, dahin gehören die Metallthermometer
des Kursächsischen Grafen von Löser, die 1765 verfertiget wurden, das Metallthermometer des Zeiher
und das des Fitzgerald. Letzterer hat die Empfind-
lichkeit des metallischen Thermometers durch ein
Vorgelege zu vermehren gesucht, um den Raum der
Veränderungen zu vergrößern; man zweifelt aber,

daß

daß es das wahre Verhältniß der verschiedenen
Grade der Temperatur anzeigen werde. Dieses
Metallthermometer besteht aus vier metallenen vier-
ecktgten Stäben von Zink, die durch communiciren-
de Hebel vereiniget sind und, wodurch am Ende ein
Zeiger getrieben wird, der die Stärke der Ausdehnung oder Zusammenziehung der Stäbe, folglich
die Grade der Temperatur anzeigt w). Herr J.
H. W. Felter, Mechanikus in Braunschweig, hat
ein sehr empfindliches Metallthermometer zu Stande gebracht, welches aus zwey perpendiculären,
cylindrischen, parallel neben einander herablaufen-
den Stangen besteht, wovon die eine von Eisen,
die andere von Messing ist, beyde sind 4 Fuß lang
und haben drittehalb Linien im Durchmesser. Oben
sind beyde so fest mit einander vernietet, daß sich
keine ohne die andere ausdehnen oder zusammenzie-
hen kann. Unten hingegen ist an der messingenen
Stange ein drey Fuß langer metallener Zeiger horizontal befestiget, der durch die eiserne Stange bey
größerem Spielraume hindurchgeht. Dehnt sich
die messingene Stange aus; so geht der feste
Punkt des Zeigers tiefer herab, hingegen das Ende
des Zeigers rückt in die Höhe und beschreibt auch
bey der geringsten Ausdehnung der Stange einen
beträchtlichen Bogen. Zu diesem Zeiger hat Herr
Felter eine Gradscheibe verfertiget, auf welche die
Fahrenheitische Grade aufgetragen sind, von denen
ein jeder noch in viele kleine Theile getheilt ist. Ein
solches Thermometer wird außerhalb des Zimmers
an der Mauer angebracht, der Zeiger geht durch
die

die Mauer ins Zimmer, wo sich der Grabbogen befindet x).

Mittel, um hohe Grade der Hitze zu bestimmen.

Newton schlug 1701 vor, aus der Zeit der Erkaltung eines glühenden Eisens hohe Grade der Hitze zu bestimmen, welches Mittel zwar sinnreich, aber unsicher ist. Kraft brauchte die Pyrometer zu dieser Absicht. Der durch seine Fabrikarbeiten von Terracotta oder so genannter Basaltmasse bekannte Herr Wedgwood in England hat eine sehr bequeme Art, große Grade der Hitze zu bestimmen, auf die Eigenschaften des Thons gegründet, der sich in der Hitze bekanntermaaßen zusammenzieht und sich durch plötzliche Erkältung nicht wieder ausdehnt. Um den Grad der Hitze eines Ofens zu bestimmen, legt er einen thönernen Würfel von ½ Zoll hinein und wirft ihn sogleich, nachdem er die Hitze des Ofens angenommen hat, in kaltes Wasser. Nun mißt er die Seite dieses Würfels, die ½ Zoll lang war, auf einem Maaßstabe, der aus zwey messingenen Linealen besteht, deren Seiten etwas schräg gegen einander zulaufen und so weit von einander stehen, daß man den Würfel in die Nute, die sie zwischen sich bilden, schieben kann. Er geht desto tiefer hinein, je schmäler seine Seite durch die Hitze geworden ist. An der Stelle, wo der Würfel stecken bleibt, steht auf dem Lineale eine Zahl, die den Grad der Hitze angiebt. Wenn die Theilung von dem Punkte des bey Tage sichtbaren Rothglühens anfängt und man ihr 240 Theile giebt:

so

so schmelzt schwedisches Kupfer bey 28, Gold bey 32, Eisen bey 130 bis 150 Grad. Ueber 160 Grad konnte er die Erhitzung der Würfel nicht treiben. Legt man nun diese Würfel in einen Ofen, worinn man andere Materialien behandelt: so geben sie auf vorerwähnte Art die Hitze an, welcher diese Materien ausgesetzt gewesen sind y).

Landriani hat eine Maschine erfunden, durch welche er nicht nur vermittelst einer Menge zufliessenden Wassers die Grade und die Quantität des Feuers abmessen kann, sondern auch im Stande ist, einem Körper fortdauernd einerley Grad der Wärme zu geben, ferner denselben Grad zu verdoppeln und ins drey= oder vierfache, wie auch noch mehrmals zu vergrössern. Er bedient sich hierbey einer Lampe, theils mit brennbarer, theils mit dephlogistisirter Luft. Beyde brennen zuweilen mit einander zugleich, da denn die Flamme der erstern, die der letztern kreisförmig umgiebt z).

a) Dalencé Traité des barometres, thermometres et notiometres. Amst. 1688. Halle fortgesetzte Magie. I. B. 1788. S. 188. b) Wolfs mathem. Lex. Leipzig. 1716. S. 1404. 1405. c) Philos. natural. Patav. 1694. T. III. p. 276. d) Philos. Transact. 1701. Nr. 270. e) Wittenberg. Wochenblatt. 1774. St. 43. f) Lichtenbergs Magazin. 1786. IV. B. 1. St. S. 140. g) Ebendas. I. B. 2. St. S. 168. 1781. h) Lauenburg. Geneal. Kalender. 1784. i) Gehler Physikal. Wörterbuch. IV. B. S. 329. k) Wittenberg. Wochenblatt 1771. St. 29. l) Ebendas. 1772. St. 37. m) Lichtenbergs Magazin. 1781. I. B. 1. St. S. 185. n) Ebendas. 1783. II. B. 2. St. S. 132. o) Ebendas. II. B. 3. St.

Busch Handb. d. Erf. 7. Th. G G.

S. 137. 138. p) Ebendaſ. III. B 1. St. S. 176.
q) Ebendaſ. III. B. 1. St. 1785. S. 108. r)
Ebendaſ III. B. 1. St. S. 163. s) Ebendaſ. III.
B. 3. St. S. 188. 189. 1786. t) Ebendaſ. IV. B.
3. St. S. 135. 1787. u) Esprit des Journaux.
Janvier. 1791. T. I. p. 385. v) Wittenbergiſches
Wochenblatt. 1772. St. 46. w) Ebendaſ. x) Allg.
Lit. Zeitung. 1786. Nr. 273. y) Lichtenbergs Ma-
gazin. 1783. 2. B. 1. St. S. 223. 1784. II. B.
4. St. S. 202. Gehler a. a. O. IV. B. S. 362.
363. z) Lichtenbergs Magazin. 1788. V. B. 1. St.
S. 174.

Theseus f. Bündniß, Geſetze, Gymnaſtik, Münze,
Oſtracismus, Regierungsform, Schiff, Schiffahrt, Segel, Spiele, Streitwagen, Tanz.

Thespis f. Schauſpiel. Theater.

Thevenot f. Schreibfeder, Waſſerwage.

Thewart (Abraham) f. Glas, Spiegel.

Thibauld (Girard) f. Caminiren, Fechtkunſt.

Thibault (De L'isle) f. Ventilator.

Thibaut f. Automaton.

Thiele (Joh. Alex.) f. Landſchaftmalerey, Paſtelma-
lerey.

Thiele f. Zeithalter.

Thielemann f. Ofen.

Thiemich (Paul) f. Oper.

Thiergarten, worinn allerley Thiere aufbewahrt
und gefüttert werden, hatte ſchon Polycrates, Be-
herrſcher von Samos a); auch der letztere Cyrus
hatte zu Celäne, einer Stadt in Phrygien, einen
Thiergarten, der mit vielem Wild beſetzt war b).

Unter

Unter den Römern ließ Fulvius Hirpinus zuerst einen Thiergarten anlegen, der rund herum mit Mauern umgeben war c). Ihm folgten L. Lucullus und Q. Hortensius d). Eher, als alle diese, hatte M. Lälius Strabo zu Brundis Vogelbehälter anlegen lassen.

a) Athenaeus Lib. XII. c. 19. b) Xenophon de expedit. Cyri p. 10. edit. Hutchinson. c) Polyd. Vergil. III. c. 5. d) Plin. X. c. 50. VIII. c. 51. 57.

Thierkampf. Scävola gab zu Rom den ersten Löwenkampf und Augustus den ersten Tigerkampf. vergl. Hahnenkampf.

I. I. Hofmanni Lex. univ. Continuat. Basil. 1683. T. III. p. 148.

Thierkreis, Zodiakus, ist ein Streif am Himmel zwischen zwey Kreisen, die mit der Ekliptik auf ihren beyden Seiten parallel fortlaufen und den Raum einschließen, innerhalb dessen die Planeten allemal zu finden sind. In dieser Zone stehen auch die 12 Sternbilder, deren Figuren größtentheils von Thieren hergenommen sind, daher der Name Thierkreis entstanden ist. Einige sind der Meynung, daß schon die Chaldäer den Thierkreis in 12 Sternbilder, jedes Sternbild wieder in 30 Grade und jeden Grad in 60 Minuten abgetheilt haben sollen a). Andere schreiben aber die Eintheilung des Thierkreises in zwölf Zeichen dem Hermes der Egyptier zu, der zur Zeit Osiris lebte b); Goguet meynt, daß die Egyptier den Thierkreis, der bey ihnen ebenfalls in 12 gleiche Theile und jeder Theil wieder in 30 Grad eingetheilt a) war, schon 1690 Jahre

vor

vor Christi Geburt gekannt und die Sternbilder desselben nach den Dingen benannt hätten, die sich in
jedem Monat am gewöhnlichsten zu ereignen pflegen. Zu Anfange des Frühlings brachten die
Schaafe Lämmer, daher benannten sie das Sternbild, in dem die Sonne damals aufgieng:
Widder. Nachher brachten die Kühe ihre Kälber
zur Welt, daher nannten sie das Sternbild, unter
dem damals die Sonne aufgieng: Stier. Nachher brachten die Ziegen meist zwey Junge zur Welt,
daher nannte man das Sternbild, unter dem damals die Sonne aufgieng : Zwilling. Indessen
war die Sonne auf den höchsten Punkt gegen Nor-
den gestiegen und schien dann wieder rückwärts zu
gehen, daher nannten die Egyptier das Sternbild,
unter welchem damals die Sonne aufgieng, den
Krebs. Drauf kam die heißeste Zeit des Jahrs,
die man durch einen Löwen ausdrückte, weil dieser
nur in den heißesten Ländern lebt und daher nannte
man das Sternbild, unter dem damals die Sonne aufgieng, Löwe. Dann kam die Erndte,
welche die egyptischen Priester mit einer Schnitterin
oder Jungfrau bezeichneten, daher man das Sternbild, in welchem damahls die Sonne aufgieng,
Jungfrau nannte. Dann kam die Sonne in den
mittleren Punkt, wo Tag und Nacht gleich ist,
welches man durch eine im Gleichgewicht stehende
Wage ausdrückt. Dann gieng die Sonne zum
tieferen Punkt, im Herbst, wo Krankheiten zu entstehen pflegen, welche man durch den Stich des
Scorpions bezeichnete. Hernach kam die beste
Zeit zum Jagen, die man mit einem Schützen bezeichnete. Hierauf erreichte die Sonne ihren tief-
sten

sten Punkt und stieg wieder höher, das zeigte man durch den Steinbock an, der gewöhnlich hoch auf Felsen steigt. Alsdann folgte in Egypten die Regenzeit, die man durch den Wassermann andeutete, der eine Urne hielt, aus der Wasser floß. Endlich kam die bequemste Zeit zum Fischfang, die man durch das Bild zweyer Fische ausdrückte. Um den Thierkreis in 12 gleiche Theile zu theilen, soll man sich, wie Sextus Empiricus berichtet, zweyer hohler kupferner Gefäße bedient haben, wovon man das oberste mit Wasser anfüllte und solches mit dem Augenblicke, in welchem ein heller Stern am Himmel erschien, in das unterste Gefäß so lange fortlaufen ließ, bis derselbe Stern am folgenden Abend wieder am Himmel erschien. Dieses abgelaufene Wasser gab ihnen ein Mittel an die Hand, die Zeit des Umlaufs des Sterns zu messen und in 12 gleiche Theile zu theilen. Man ließ nemlich 12 kleine Gefäße machen, wovon jedes den 12ten Theil des abgelaufenen Wassers faßte. Man beobachtete nun den Theil des Himmels, wo Sonne, Mond und Planeten ihren Weg hingenommen hatten, that das abgelaufene Wasser in das große Gefäß und setzte ein kleines, das nur den zwölften Theil faßte, darunter; man bemerkte die Sterne des Thierkreises, die während der Zeit aufgiengen, in welcher ein jeder von den 12 Theilen des Wassers auszulaufen anfieng, oder in dem Augenblick, wo ein kleines Gefäß voll Wasser war, bemerkte man den Stern, der eben am Horizont aufgieng und der Abstand zwischen zwey solchen Sternen bestimmte allezeit die Größe eines himm-

G 3   lischen

lischen Zeichens; dieses Verfahren ist wohl sinnreich, man zweifelt aber doch daran, daß man sich
desselben wirklich bedient habe d).

Bey den Chinesern soll Fou = hi den Thierkreis
in Grade eingetheilt haben e).

Mitten durch den Thierkreis geht die Ecliptik
oder die Sonnenstraße, deren Schiefe unter den
Griechen Pythagoras, ein Schüler des Thales und
Pherecydes zuerst gekannt haben soll f); aber Goguet legt diese Entdeckung schon dem Thales bey g).
Nach andern hat Oenopides von Chius die Schiefe
der Ecliptik zuerst wahrgenommen h); die meisten
aber halten den Anaximander, einen Schüler des
Thales, für den Entdecker der Schiefe der Ecliptik,
wenigstens soll er den Griechen in der 58ten Olympiade zuerst gezeigt haben, daß die Ecliptik mit
dem Aequator einen Winkel von $23\frac{1}{2}$ Grad mache i).
Cleostratus, ein Tenedier, der um die 61 Olymp.
lebte, entdeckte, einige Zeit nach dem Anaximander, den Griechen die Zeichen des Thierkreises und
zwar zuerst den Widder und Schützen k). Um die
75te Olympiade soll auch Harpalus Zeichen im
Thierkreise entdeckt haben l). Cassini entdeckte einen neuen Thierkreis oder denjenigen Streif auf der
Fläche der Himmelskugel, in welchem sich alle Kometen bewegten, die man vor und zu seiner Zeit
beobachtet hatte; dieser Thierkreis fasset die Sternbilder in sich, welche in folgenden Versen bezeichnet
werden:

Antinous, Pegasusque, Andromeda, Taurus,
Orion,

Pro-

Procyon atque Hydrus, Centaurus, Scorpius,
Arcus m).

a) Gemln. c. 15. p. 62. Goguet vom Ursprunge der
Gesetze. II. S. 361. b) Allgem. historisches Lexicon.
Leipzig. 1709. III. p. 32. c) Goguet a. a. O. I. Th.
III. B. II. Kap. II. Art. §. 1. S. 250. Servius ad
Georg. I. v. 33. d) Sextus Empiricus adv. Mathem.
V. p. 342. e) Goguet a. a. O. III. S. 270. f)
Plutarch. de placitis Philof. Lib. II. c. 12. Tom. II.
p. 888. g) Goguet II. S. 247. h) Diodor. I. c.
98. S. 110. i) Plin. II. sect. 6. k) Plin. l. c. und
VII. 56. l) Allgem. Hist. Lex. Leipzig. 1709. III.
p. 26. m) Jablonskie Allgem. Lex. Leipzig. 1767.
II. S. 1561.

Thierkreislicht s. Zodiakallicht.

Thiout s. Hemmung.

Thisias s. Rhetorik.

Thoas s. Gold.

Thomas (Sankt), in Amerika, wurde schon unter
Friedrich II von Dänischen Unterthanen besucht und
nachmals im Jahr 1671 von den Dänen als eine res derelicta wieder in Besitz genommen, welcher
auch von allen Nationen anerkannt und ihnen immer ungestört geblieben ist.

Allgem. Lit. Zeitung. Jena. 1792. Nr. 27.

Thomas (St.) s. Philosophie.

Thomas von Mutina s. Oelmalerey.

Thomasius (Christian) s. Philosophie, Sittenlehre,
Sprache, Staatskunst.

Thon. Einen feuerfesten Thon hat Herr Geier erfunden.

G 4   Allgem.

Allgem. Lit. Zeitung. Jena. 1788. Nr. 224 a.

Thorogoed (Stephan) f. Uhrſchlüſſel.

Thot f. Buchſtaben, Geſchichte, Muſik, Philoſophie, Schreibekunſt, Siſtrum.

Thouvenel f. Spürkunſt.

Thouverez f. Schreibtafel.

Thoyt f. Thot.

Thränen-Gänge. Die erſte und beſte anatomiſche Beſchreibung der Thränen-Gänge, die nach der Naſe zu gehen und deren Kenntniß in der Cur der Thränenfiſtel unentbehrlich iſt, gab Salomon Alberti (geb. zu Naumburg 1540. geſt. 1600), Churfürſtl. Sächſiſcher Leibarzt, 1585 in dem Buche de Lacrumis, alſo über 100 Jahre früher, als die Entdeckungen des Anels und Morgagni bekannt wurden, heraus.

Beſchr. einer Berlin. Medaillen-Sammlung v. J. C. W. Moehſen. 1773. S. 26.

Thraſon f. Mauer.

Thraſyas f. Gift.

Thubal-Kain f. Eiſen, Metallurgie, Schmiedekunſt.

Thunberg f. Kräuterkunde, Säemaſchine.

Thurm. Thürme zu bauen, erfanden die Cyclopen, wie Ariſtoteles ſagt, aber nach dem Theophraſt die Tyrinthier a). Der älteſte bekannte Thurm iſt der zu Babel, den man nach der Geburt des Phaleg, etwa 150 Jahre nach der Sündfluth oder 1800 n. C. d. W. auf Anrathen des Nimrod aus Backſteinen bauete, die an der Sonne getrocknet waren b).

Die

Die Alten machten solche Backsteine theils aus weissen, theils aus rothem Thon c). Lange nachher war noch auf dem Tempel des Belus in Babylon ein Thurm, der ein Stadium oder 600 Fuß hoch war; dieser Thurm bestand aus acht Thürmen, wovon immer einer über dem andern stand und der aufgesetzte war immer kleiner, als der, worauf er stand d).

Die rollenden oder beweglichen Thürme, deren sich die Alten bey Belagerungen der Städte bedienten, um den Mauern nahe zu kommen, will Diades, ein Ingenieur des Königs Alexanders des Großen, um das Jahr 330 vor C. G. erfunden haben e).

In Italien giebt es schiefe oder hangende Thürme; man findet einen solchen zwischen Venedig und Ferrara, einen in Venedig, einen andern in Ravenna, besonders sind aber in dieser Art der Thurm de la Glarisenda in Bologna und der hangende Thurm zu Pisa berühmt. Condamine und Algarotti behaupteten, diese Schiefe sey dadurch entstanden, daß diese Thürme sich gesenkt hätten, weil die Baumeister den Fehler begangen hätten, die Natur des Bodens, worauf das Fundament gelegt wurde, nicht zu untersuchen: aber Labat und de la Lande hielten wenigstens die Thürme zu Bologna und Pisa für Werke der Kunst. Der hangende Thurm zu Bologna ist ein von gebrannten Steinen aufgeführtes, glattes, viereckigtes Gebäude, ohne Fenster oder einigen Zierrath, auch ohne Dach, dessen Schiefe daher rührt, daß an

G 5 der

der einen Seite, was daran überhängt, mit Eisen
gefasset und schräg in die Höhe geführt ist, an der
andern Seite aber unten ein Anbau, welcher auch
schräg in die Höhe geht und sich allmälig verliert,
angelegt ist, welches den Bau krummscheinend
macht. Aber der hangende Thurm zu Pisa ist rund,
von weißem Marmor, mit einer von außen um-
hergehenden Treppe von acht über einander stehenden Säulengängen und hat oben ein Geländer; er
ist 180 Schuh hoch, hängt auf einer Seite um
16 Schuh über und ist mit großer Kunst so angelegt, daß er sich durch seine eigne Last erhält, so
wie man etliche Brettsteine so über einander legen
kann, daß sie auf eine Seite hangen und doch nicht
fallen, so lange der Mittelpunkt der Schwere nicht
über den Grundfuß tritt. Der Graf Maximilian
von Lamberg hat gezeigt, daß die Schiefe dieses
Thurms nicht durch Senken entstanden seyn kann,
weil die Mauern nicht von gleicher Dicke sind und
hätte sich der Thurm gesenkt: so müßte das Innere
desselben auch schief seyn, welches doch nicht ist.
Ihm ist daher die Meynung des Casatus wahrscheinlicher, daß diese schiefen Thürme Kunststücke
solcher Baumeister sind, die ihre Kenntniß von den
Centralkräften dadurch an den Tag legen wollten.
Lord Baltimore fand in den Vorstädten von Pisa
eine Inschrift, die es wahrscheinlich macht, daß
Johannes Oenipontanus, der einen hohen Rücken
hatte, um 1174 der Baumeister des schiefen
Thurms zu Pisa und vielleicht gar der Erfinder der
schiefen Thürme war. Die Aufschrift ist folgende:
Johannes Oenipontanus obliquus, obliqui vindex.
Pisis.

Pisis. 1174 f). Herr Fischer in Straßburg hat, nach der Angabe des Herrn Fourneau in Paris, das Modell eines Thurms von ovaler Form ausgeführt, der gegen zwey Seiten geneigt ist g).

a) Plin. VII, 56. b) 1 Mos. XI, 3. Herodot I, 179. coll. Justin. I, 2. c) Vitruv. II, 3. Plin. 35, 14. d) Strabo XVI. v. 1073. e) Vitruv. VII. in Praefat. X, 19. f) Tagebuch eines Weltmanns. II. 1775. S. 111. 112. g) Lauenburg. Geneal. Kalender. 1782. S. 47.

Thurmuhr. Pabst Sabinianus verordnete im Anfange des 7ten Jahrhunderts, daß alle Stunden durch Glockenschläge angezeigt würden, um die horas canonicas oder die Singestunden besser abzuwarten, und man vermuthet, daß damals die Stundenzeiger auf den Thürmen oder die Thurmuhren aufgekommen wären a). Gewiß ist, daß im 13ten Jahrhundert schon einige Kirchthürme Uhren hatten, deren auch Dante Altghieri gedenkt. Jac. Dondus machte 1344 die erste Thurmuhr zu Padua, welche alle Stunden schlug. Im Jahr 1370 ließ der König von Frankreich Karl V den Heinrich von Wick oder von Wir aus Deutschland kommen, der die erste große Uhr in Paris machte und sie auf den Thurm des Palastes dieses Königs setzte b). Im Jahr 1371 wurde die Domuhr zu Straßburg, deren Erfinder Boethius war, auf den Thurm gebracht. In Augsburg ließ der Abt zu St. Ulrich, Johannes Lauinger i. J. 1402 eine Glocke mit einer Uhr auf dem Thurme aufrichten und 1406 war in dem damals hölzernen Thurme auf dem Rathhause zu Augsburg eine Glocke mit einer Uhr, die

aber

aber nur Stunden zeigte; aber 1526 wurde eine Viertelstundenglocke auf den Perlachthurm in Augsburg gehängt c). In Nürnberg wurde 1498 der Thurm zu St. Lorenzen Ehre mit Uhr und Wacht versehen d). Vergl. Schlaguhr.

a) J. A. Fabricii Allgem. Hist. der Gelehrs. 1752. 2. B. S. 577. b) Juvenal de Carlencas Gesch. der schönen Wiss. und fr. Künste, übersetzt von Joh. Erh. Kappe. 1752. 2. Th. 31. Kap. S. 429. c) Herrn Paul von Stetten des jüngern Erläuterung der in Kupfer gestochenen Vorstellungen aus der Gesch. der Reichsstadt Augsburg. 1765. S. 67. d) Merkwürdigkeiten der Stadt Nürnberg. S. 300.

Thurneißen oder **Thurneißer (Leonhard)** s. Landkarte, Vogelbauer.

Thurnier s. Turnier.

Thyestes s. Spiele.

Thyrrenus s. Oelmühle.

Tibau (Johann) s. Fechtkunst.

Tiedemann s. Micrometer, Microscop.

Tillet s. Brand.

Tillet s. Münzen.

Tilossier s. Spargel.

Timäus s. Geschichte der Gelehrsamkeit, Physik.

Timäus von Güldenklee s. Pflaster.

Timocharis s. Firstern.

Timofejew s. Siberien.

Timonus (Emanuel) s. Inoculation der Blattern.

Timotheus s. Cyther, Klanggeschlecht, Lyre, Musik.

Thimotheusgras ist eine Pflanze, welche man zuerst in

in Nordamerika bemerkte, wo sie zur Fütterung des Viehes gebraucht wurde, weil sie fast alle andere Grasarten an Süßigkeit übertreffen soll. Sie scheint in Virginien oder Neu=York einheimisch zu seyn, woher sie durch einen Timotheus Hanson nach Carolina gebracht wurde, von dem sie den Namen Timotheusgras bekommen hat. Nächher wurde sie auch in England zur künstlichen Fütterung gebraucht. Sie erreicht eine beträchtliche Höhe, hat ein breites Blatt, wie Roggen= oder Weizen=Blätter und wird von einigen mit dem Katzenschwanzgrase für einerley gehalten.

Jablonskie Allgem. Lex. Leipzig. 1767. II. S. 1568.

Tinctura antiphthifiaca, eine solche, die noch in der Mitte dieses Jahrhunderts war, erfand Johann Gramann zu Erfurt im 16ten Jahrhundert.

J. A. Fabricii Allgem. Historie der Gelehrs. 1754. 3. B. S. 549.

Tinian, eine Insel in der Südsee, wurde 1520 von Magellan entdeckt. Anson kam 1742, Byron 1765 und Wallis 1765 dahin.

Wittenbergisches Wochenblatt. 1775. Stück 21 und 22.

Tinte s. Dinte.

Tiphys s. Steuerruder.

Tiresias s. Wahrsagerkunst.

Tiro (Marc. Tullius) s. Kryptographie, Notarien.

Tisch vergleiche Krankentisch.

Tischlerhandwerk. Das Alter desselben erhellet aus der von Bezaleel und Ahaliab erbauten Stiftshütte,

an

an der viel Tischlerarbeit war a); auch das Cedern-
haus, worin David wohnte b); der Tempel, dessen Seite und Decke mit Cedernholz getäfelt, der
Fußboden aber mit Tannenholz gedielt und die Zu-
sammenfügung mit großer Kunst gemacht war c),
beweisen das Alterthum dieses Handwerks. Salomo hatte 30000 Schreiner, deren Aufseher Abo-
niram war d).

Plinius und Isidor e) eignen bey den Griechen
die Erfindung dieses Handwerks dem Dädalus zu,
der sich zuerst des Richtscheids, der Bleywaage,
des Meßstabes, des Bohrers und des Leims bediente. Ulysses verfertigte ein Bettgestelle, an dessen Bauart ihn seine Gemahlin Penelope erkennen
konnte f). Unter den Athieniensern hatte der Vater
des Redners Demosthenes 20 Sclaven, die ihm
Bettgestelle und Tische von seltenem Holze machen
mußten, welches ihm jährlich 12 Minen eintrug g).

Zu Nero's Zeit hatte man Tische von Citronen-
holz, welches aus Mauritanien kam; sie waren
meistens purpurfarbig und mit Gold lackirt und
standen auf künstlich geschnittenen elfenbeinernen
Füßen. Dio Cassius erzählt, daß Seneca allein
ihrer 500 hatte, auf welchen er der Reihe nach
spißte, und Tertullian lobt den Cicero, daß er
nur einen solchen Tisch gehabt habe h). Helioga-
balus hatte zuerst silberne Tische i).

a) 2. Mose 26, 15. b) 2. Sam. 7, 2. c) 1. Könige
    6, 15. 18. 1 Kön. 7, 2. 3. 8. d) 1. Kön. 5, 13.
    14. e) Isidor. Orig. Lib. 20. cap. 1. f) Odyss.
    Lib. 23. g) Demosthenes Orat. I. contra Aphob.
    h) Pandora 1787. S. 85. i) Lamprid. in vita He-
    liogab.

                                              Tisch=

Tiſchzeug. Vor Alters brauchte man keins, ſondern man aß auf wohl geglätteten Tiſchen. Hierauf bediente man ſich lederner Decken und ſpäterhin der Tiſchtücher.

Unter Heinrich VIII, König von England, kannte man in England ſchon die parfumirten Tiſchtücher a). Das ſo genannte Damaſtene Tiſchzeug wurde vor 100 Jahren von der Familie Grain d' Orge in Frankreich erfunden b).

a) Briefwechſel der Familie des Kinderfreundes. 1786. S. 52. b) Pandora. 1788.

Tiſias ſ. Rhetorik.

Tithoës ſ. Labyrinth.

Titus Tatius ſ. Neujahrs-Geſchenke.

Todtenhaus, Leichenhaus, iſt ein Gebäude, in welchem die Verſtorbenen, im offenem Sarge, in einem temperirten und des Nachts erleuchteten Saale, ſo lange unter der Aufſicht eines Wächters ſtehen, bis man an den Leichnamen die Zeichen der Verweſung wahrnimmt. Dieſe nützliche Anſtalt dient dazu, das Lebendigbegraben der Scheintodten zu verhüten und iſt um ſo viel wichtiger, da es nicht an Beyſpielen fehlt, daß Menſchen, die man für todt hielt, begraben wurden und an denen doch nachher Beweiſe gefunden wurden, daß ſie im Grabe wieder einige Zeit zum Leben gekommen waren. Beyſpiele von Scheintodten findet man ſchon in alten Zeiten. Lucius Aelius Lamia, der 711 n. R. E. Prätor war, ſtarb, wurde auf den Scheiterhaufen geſetzt, und als man dieſen anzündete, wurde Lamia durch die Bewegung des Feuers wieder leben-

lebendig a). Asclepiades aus Prusium in Bythinien, der zur Zeit des Mithridates lebte, brachte einen Todten, der schon auf dem Scheiterhaufen lag, wieder ins Leben b). Auch in neueren Zeiten fehlt es nicht an Beyspielen von Scheintodten. In einem Dorfe in Poitou lag eine Frau an einer schweren Krankheit darnieder und verfiel in eine Schlafsucht. Man hielt sie für todt, wickelte sie in ein leinenes Tuch und trug sie, ohne Sarg, wie es dort Sitte war, zur Grabestätte. Die Träger kamen an einen Dornenbusch, wo die Frau von den Dornen gerissen wurde und wieder erwachte. Erst nach 14 Jahren starb sie und als die Träger an den Ort kamen, wo sich die Frau an den Dornen gerissen hatte, rief der Mann den Trägern etlichemal zu: kommt der Hecke nicht zu nahe! c). Gellert hat diese Geschichte fürtreflich besungen. — Eine Goldschmiedsfrau wurde in Dresden begraben; der Todtengräber grub sie des Nachts aus, um sie zu bestehlen, und als er eben damit beschäftiget war, den Diebstahl zu begehen, erwachte die Frau und kam in der Nacht nach Hause d). Ohngeachtet solcher Fälle hat man doch spät auf Mittel gegen das Lebendigbegraben gedacht.

Einige sagen, daß in dem Hannöverischen Magazin (ohne jedoch das Jahr und den Ort anzuzeigen) der erste Vorschlag zur Errichtung eines Leichenhauses gemacht worden sey; nach andern hat der Herr Hofmedicus D. und Professor Hufeland aus Weimar im fünften Stück des deutschen Merkurs vom Jahr 1790, und zwar in der Abhandlung

lung über die Ungewißheit des Todes und über das einzige Mittel, das Lebendigbegraben zu verhüten, die Idee zu einem Leichenhause zuerst in Vorschlag gebracht, die er auch im Jahr 1791 zu realisiren anfieng, da er von dem Hofe zu Weimar sowohl, als auch von den Einwohnern der Stadt bey diesem rühmlichen Unternehmen durch eine freywillige Subscription reichlich unterstützt wurde. Das Haus wurde auf dem Gottesacker errichtet und enthält ein Zimmer, worin acht Leichen bequem liegen können ; es hat Zugröhren zur Reinigung der Luft, unter dem Fußboden aber laufen Ofenröhren hin, um die Wärme gleichförmig zu verbreiten.   Dabey ist noch eine Stube für den Wächter mit einem Glaßfenster in der Thür, um die Leichen beständig im Auge zu haben, und eine Küche zur Bereitung der nöthigen Hülfsmittel, Bäder u. d. g. wenn etwa Lebenszeichen an einer Leiche gefunden werden sollten.   An den Händen und Füßen der Todten werden Fäden angebracht, deren geringste Bewegung eine damit in Verbindung stehende Schelle hörbar macht. Hierauf machte man auch an andern Orten Anstalten zur Errichtung solcher Leichenhäuser.   Eine Predigt des Herrn Domprediger Wolf in Braunschweig, über die Nothwendigkeit nach Hufelands Vorschlage Leichenhäuser anzulegen, hatte die Wirkung, daß der dasige Herzog und das Publikum die Kosten bewilligte, um auf jedem Kirchhofe gedachter Stadt Leichenhäuser zu errichten.   Auch in Erlangen und Halle machte man dazu Anstalt.   In der Grafschaft Limburg befahl der Herr Graf von Rechtern aller Orten Leichenbehältnisse zur Verhütung des Lebendigbegrabens anzulegen, worinne ihm der Magiſtrat der freyen Reichsſtadt Biberach zu Ende des Jahrs 1791 nachfolgte e).

Den 28ten Januar, 1795. wurde von Weimar aus bekannt gemacht, daß das daſige Leichenhaus völlig fertig und Johann Heinrich Bielke als Wächter über die Leichen darinne beſtellt ſey. Wer eine Leiche ſeiner Aufſicht übergiebt, bezahlt dafür alle 24 Stunden ein Pfund Lichter und einen Tragkorb voll Holz. Die Expedition der deutſchen Zeitung hat dieſem Wächter einen Carolin zur Belohnung beſtimmt, wenn er die erſten Zeichen des Lebens an einer Leiche bemerkt f).

Zu Berlin iſt auf dem Kirchhofe der Cöllniſchen Vorſtadt zwiſchen zwey bewohnten Häuſern ein Leichenhaus errichtet worden g).

Da die Errichtung des Todtenhauſes Koſten macht, die nicht jeder Ort tragen kann: ſo that der Herr Pfarrer Sickler in Klein = Fahnern dafür folgenden Vorſchlag: man laſſe ein kleines Häuschen von Bretern mit vier ſpitzigen Pfoſten, welches die Größe des Grabes hat, über das offengelaſſene Grab ſetzen und mit der aufgeworfenen Erde rund herum etwas befeſtigen. Durch einen kleinen Schieber am Fenſter kann man von Zeit zu Zeit den Todten beobachten; erſt bey eintretender Verweſung wird das Häuschen weggenommen und das Grab zugeworfen h).

Herr D. J. H. Krügelſtein, Stadt= und Landphyſikus zu Ohrdruff machte 1791 eine Inſtruction

für

für die Leichenfrauen bekannt, die sehr zweckmäßig
ist; um das Begraben der scheinbar Todten zu verhüten i). Neuerlich hat Herr D. Klein ein neues
Mittel bekannt gemacht, den wahren Tod vom
Schein = Tod zu unterscheiden.

a) Valer. Max. Lib. I. c. 8. Plin. Lib. VII. c. 52.
b) Apulejus in Floridis. p. 362. Plin. Lib. XXVI.
c. 3. Celsus de Medicina Lib. II. c. 6. p. 57. c)
Menagiana. S. 117. 118. Holländische Ausgabe.
d) Bayle Hist. crit. Wörterbuch. Leipzig I. S. 372.
e) Neuer Deutscher Merkur. 1791. 9 Stück S. 135.
folg. f) Deutsche Zeitung. 1795. S. 85. 86. g) Frankfurter Kayserl. Reichs = Ober = Post = Amts = Zeitung.
1794. Nr. 58. h) Anzeiger. 1791. II. B. S. 1013.
und 1793. I. B. S. 877. Frankfurter Kayf. Reichs-
Ober = Post = Amts = Zeitung. 1792. Nr. 205. i) Anzeiger 1791. 4tes Quartal. Nr. 143. p. 1109. folg.

Todtenläuten kam in Nürnberg im Jahr 1563 auf.
Kleine Chronik Nürnbergs. 1790. S. 69.

Töpferhandwerk ist von einem hohen Alter, schränk-
te sich aber lange Zeit nur auf die Verfertigung der
gemeinsten Gefäße ein. In den Südländern kochten die Einwohner ihr Fleisch in einem Stück ausgehöhlten Holz, welches sie, damit es nicht an-
brennen möchte, mit Thon überzogen; so konnte
man auch in den ältesten Zeiten darauf geleitet werden, den Thon zum Töpfergeschirre zu wählen, da
man bemerken mußte, daß er im Feuer hart wurde a). Die Chinesen schreiben die Erfindung der
Töpferarbeit theils dem Kaiser Chin = nong, theils
dem Hoang = ti zu b). Den Israeliten waren die
irdenen Töpfe zu Moses Zeit schon bekannt c);
vermuthlich hatten sie solche in Egypten kennen ge-

H 2   lernt.

lernt.   In Athen erfand Choroebus d), in Corinth Dibutades von Sicyon c), in Samos aber Rhoecus und Theodor die Kunst, irdene Gefäße zu machen.   Demaratus von Corinth, der der Vater des Tarquinius Priscus war, brachte die Töpferkunst i. J. d. W. 3326 nach Hetrurien, wo man nachher schöne Gefäße verfertigte; seine Begleiter, Euchir und Eugrammus breiteten diese Kunst in Italien aus.   Vergleiche Töpferscheibe.

a) Mem. touchant l'etablissement d'une Mission chretienne dans le troisiéme monde, autrement appellé la Terre austrele. p. 15. 16. b) Goguet III. S. 272. c) 3 Mose 6, 28. d) Plin. VII. 56. e) Plin. XXXV.

Töne auf Linien s. Noten.

Töpferscheibe ist ein Rad oder eine Scheibe, die dazu dient, die Töpfe rund zu drehen.   Diodor a) schreibt ihre Erfindung einem griechischen Künstler Talus zu, der um 2750 n. E. d. W. lebte.   Andere schreiben ihre Erfindung dem Scythen Anacharsis oder auch dem Hyperbius von Corinth zu, beydes kann aber nicht seyn, weil schon Homer der Töpferscheibe gedenkt und Anacharsis erst im ersten Jahr der 47 Olymp. nach Athen kam.   Anacharsis fand dieses Instrument vielleicht auf seinen Reisen und machte es seinen Landsleuten bekannt, daher man ihn für den Erfinder desselben hielt b).

a) Diodor. Sic. IV. 76. 77. 78. pag. 319 folg. b) Plin. VII, 56.

Toffania s. Gift.
Toga s. Kleider.

Tom=

Tombac, Tombach, Tomback, ist ein durch Kunst zusammengesetztes Metall von rothgelblicher oder auch weisser Farbe; das erste sieht dem Golde, das andere dem Silber ähnlich. Man hält die Siamer für die ersten Erfinder dieser Mischung; sie nehmen Kupfer und Gold dazu, welche Mischung sie höher als Gold schätzen. Unter Ludwig XIV kam dieses Metall a) durch eine Gesandtschaft aus Siam nach Europa. Unter den Europäern künstelte es der Engländer Tombac zuerst nach, und nahm Kupfer, Messing, etwas gutes englisches Zinn oder statt dessen Zink dazu. Jetzt nimmt man reines, altes, oft im Feuer gewesenes Kupfer und Galmey, auch wohl Kupfer und Knistergold zu gleichen Theilen und auf ein Pfund ein Loth Zink dazu, welche letztere Mischung gar nicht anlaufen soll. Andere setzen noch etwas Eisenvitriol hinzu. Zu dem Binspeck, der eine feinere metallische Mischung ist, wird noch etwas Gold genommen. Siehe Pinchbeck.

a) Jacobson Technol. Wörterbuch. IV. S. 411.

Tempion s. Repetiruhr.

Tonarten, Musikarten, Octavengattungen, *Modi*, darunter versteht man den Umfang, die Ordnung und Beschaffenheit derjenigen erwählten Octavengattung, darinn eine Melodie angefangen, fortgeführt und geendiget werden soll. Die ältesten Tonarten waren die Dorische, Phrygische, Lydische und Aeolische. Die Dorische Tonart erfand Tamyris oder Tamyras, aus Odryse in Thracien gebürtig, der wegen seiner schönen Stimme berühmt

rühmt war und nach einigen acht, nach andern fün
Menschenalter vor Homer lebte a). Die Erfindung der phrygischen Tonart schreibt Plinius dem
Phrygier Marsyas b), andere aber dem Hyagnis
zu; diese Tonart erregte Begierde nach Krieg und
Wuth; andere behaupten das letztere von der Dorischen c). Die Tonart, die aus der Phrygischen
und Dorischen zusammengesetzt war, hieß die Phry-
giodorische. Der Erfinder der Lydischen Tonart
war Carius d), nach andern Olympus, dem auch
die Erfindung des enharmonischen Klanggeschlechts
zugeschrieben wird e). Amphion lernte diese Tonart bey den Lydiern kennen f), und führte sie zuerst
in Griechenland ein, daher ihn Plinius g) für den
Erfinder der Lydischen Tonart hält. Nach dem
Athenäus h) wurden den Griechen die phrygische
und lydische Tonart erst bekannt, als beyde Völker
mit dem Pelops nach Peloponnes kamen. Nachher kamen noch die Asiatische und Jonische Tonart
hinzu. Die Jonische erfand Pythermus aus Jo-
nien i). Die Lesbische Tonart erfand Terpander
von Lesbus 645 Jahr vor C. G, k). Dem Py-
thoclides wird die Hyperdorische und Mixolydische
Tonart vom Plutarch zugeschrieben l), doch wird
die letztere auch der Sappho, die 604 Jahr vor C.
G. lebte m), von andern aber der Damophila aus
Lesbos zugeschrieben, die dieselbe nebst der Pam-
philischen in der 43 Olymp. erfunden haben soll n).
Hernach kamen noch diejenigen Tonarten hinzu, die
Glareanus zuerst durch Vorsetzung einer griechischen
Präposition unterschied z. B. Hypophrygius, Hy-
polydius u. s. w. Um 1360, wo die Musik sehr
erwei-

erweitert wurde, erfand man auch neue Ton=
arten o).

a) Clem. Alex. Strom. Lib. I. p. 307. Plin. VII. 56.
Bayle Hist. crit. Wörterbuch. Leipzig. IV. 349.
Forkels Geschichte der Musik. I. Th. S. 310. b)
Plin. VII. 56. c) Cassiodorus Var. Lib. II. epist.
40. ad Boethium. d) Forkel a. a. O. 1. Th. S. 266.
e) Clem. Alex. Paedagog. Lib. nr. XVI. Forkel I.
264. f) Pausan. Boeotic. c. 5. g) Plin. VII, 56.
h) Athenaeus Lib. XIV. i) Forkel I. S. 266. 311.
k) Forkel I. S. 290. l) Forkel I. S. 311. m) For=
kel I. S. 296. n) Ebendas. S. 307. o) Fr. Petr.
Herp. Monach. Dominican. Chronic. Francof. ad
annum 1360.

Tonleiter ist eine Progression der Mitteltöne eines
Tons bis zur Octave. Man hat davon drey Arten,
die Diatonische oder c, d, e, f, g, a, h, c oder bey
der Solmisation ut, re, mi, fa, sol, la, si, ut; fer=
ner die chromatische Tonleiter, die aus den 12 Halb=
tönen c, cis, d, dis, e, f, fis, g, gis, a, b, h, c. besteht;
endlich die enharmonische Tonleiter. (Vergl. Klangge=
schlecht) Da das Dichord der Egyptier, wenn
die zwey Saiten in die Quart gestimmt wurden,
schon sieben Töne durch die Handgriffe auf dem Griff=
bret hervorbringen konnte: so vermuthen einige,
daß schon die Egyptier eine Art von Tonleiter hät=
ten bilden können a). Die Griechen brachten es
in der Tonleiter nur bis zur Quartenabtheilung.
Didymus, der zur Zeit des Nero lebte, bahnte
den Weg zu unsrer Tonleiter b). Im eilften Jahr=
hundert erfand Guido von Arezzo sechs musicalische
Töne oder den Hepachord; vorher hatte die Ton=
leiter nur fünf Töne c)e Er solmisirte diese Töne

H 4   durch

durch ut, re, mi, fa, sol, la, welches die Anfangs-
buchstaben des Kirchenlieds; ut queant laxis u. s.
w. sind.   Der Franzos Le Maitre erfand im 17ten
Jahrhundert das Heptachord oder die Tonleiter
von sieben Tönen und solmisirte den siebenten Ton
durch si.

> a) Forkels Gesch. der Musik. I. Th. S. 83.   b) Eben-
> das. S. 363.   c) Ebendaselbst S. 156.

Tonne zum Feuerlöschen s. Faß.

Tonti (Laurentio) s. Lotterie, Tontinen.

Tontinen sind Leibrenten, wo die Einleger nach ihrem Alter in gewisse Klassen getheilt werden und die
in einer jeden Klasse überlebenden die völlige Rente
genießen, so daß zuletzt einer, nemlich der am läng-
sten lebt, die ganze Summe erhält.   Laurentius
Tonti, den einige für einen Neapolitaner, andere
für einen Venetianer halten, erfand diese Tontinen
und machte sie 1653 zuerst in Paris bekannt.

> Jablonskie Allg. Lex. Leipzig 1767. S. 1575.

Torf ist eine aus ganz und zum Theil verfaulten Ve-
getabilien entstandene und mit Erdharz durchdrun-
gene Erdart.   Den Nutzen des Torfs zur Feuerung
konnten die Menschen frühzeitig durch Zufall z. B.
durch Erdbrände kennen lernen.   Herr Hofrath
Beckmann behauptet, daß der Erdbrand um Cölln,
dessen Tacitus a) gedenkt,   eine Entzündung des
Moores oder Torfs gewesen sey.   Antigonus Cary-
stius erzählt aus dem Phanias, daß ein Morast
in Thessalien, wenn er getrocknet worden wäre, gebrannt habe.   Auch zeigt Herr Hofrath Beckmann,
daß die Stelle des Plinius b), wo gesagt wird,

daß

daß die Chauzen, die einen Theil von Niedersachsen und Westphalen bewohnten, eine moorigte Erde mit den Händen zusammen ballten, an der Luft trockneten und dann damit kochten oder sich auch daran wärmten, vom Torfe zu verstehen sey. Der Gebrauch des Torfs zur Feuerung geht also über die Epoche der schriftlichen Nachrichten von Deutschland hinaus und Winsenius irrt, wenn er in seiner Friesländischen Chronik sagt, daß der Gebrauch des Torfs zur Feuerung um das Jahr 1215 erfunden und 1222 allgemein geworden sey; nur so viel folgt aus seiner Erzählung, daß der Gebrauch des Torfs zur Feuerung um jene Zeit in den Niederlanden bekannt war, denn im Jahr 1215 schenkten die Wald- und Bergleute dem einige Meilen von Lecuwarden gelegenen Kloster Mariengaerd viele Torfmoore. In Frankreich ist der Gebrauch des Torfs zur Feuerung erst 1621 durch Charles de Lamberville, Parlementsadvokat zu Paris, bekannt gemacht worden, welcher ihn in Holland kennen gelernt hatte.

Das Verkohlen des Torfs schlug Johann Joachim Becher um das Jahr 1669 vor c). Diese Erfindung ist eine der nützlichsten in Rücksicht des Torfs, weil die Torfkohlen leichter, regelmäßiger und ohne üblen Geruch brennen, alle Dienste der Holzkohlen leisten und sogar beym Eisenschmelzen etwas mehr Eisen aus den Minern bringen, als man durch Holzkohlen erhalten kann. In Deutschland ist das Verkohlen des Holzes etwa seit 74 Jahren bekannt geworden. Herr von Carlowitz erfand

ein

ein besonderes Verfahren, eine gewisse Art Torf,
der in Obersachsen gefunden wird, verkohlen zu lassen, wodurch er der Schmelz- und Schmiedearbeit
vielen Vortheil schaffte d). In Sachsen hat man
auch die getrockneten Torfstücken in eben solchen
Meilern verkohlen lassen, wie sie Dü Hamel Dü
Monceau für die Holzkohlen vorschrieb, doch machte man die Meiler nicht so hoch und änderte noch
einiges ab. Jetzt hat man diese Art, den Torf zu
verkohlen, nicht mehr nöthig, denn seit etwa 48
Jahren hat man in der Grafschaft Wernigerode
zum Verkohlen des Torfs besondere runde, eiserne
Oefen erfunden, die auf einer viereckigen starken
Mauer ruhen, wodurch die Arbeit erleichtert und
die Torfkohle noch verbessert wird.

Herr Findorf hat sich sehr große Verdienste um
die Benutzung der Torfmoore und um die Erzeu-
gung des Torfs erworben. Herr De Lüc hat le-
senswerthe Nachrichten von des Herrn Findorfs
Erfindungen mitgetheilt. Um Torf zu erzeugen,
sticht man Gruben von 6 Schuh Tiefe und 15 bis
20 Quadratschuhe Oberfläche aus, die sich mit Wasser füllen und im ersten Jahre ein grünes schleimi-
ges Moos erzeugen. Im zweyten liegt dieser
Schleim schon zwey Schuhe hoch auf dem Wasser,
und man unterscheidet darinn eine Menge zarter
Fäden mit Blättern und Blumen; im dritten legt
sich Moos an, das den Staub und die in der Luft
schwebenden Saamen aufhält, und eine Menge
Sumpfpflanzen, Schilfe und Gräser erzeugt; diese
werden im vierten Jahre so schwer, daß sie mit ihrem

rem Bette niederſinken. Man drückt ſie alsdann
auf den Boden zuſammen, ſo daß nach mehreren
Wiederhohlungen dieſer Operation die ganze Grube
in 30 Jahren ausgefüllt iſt. Dennoch würde dieſer neue Torf vielleicht noch Jahrhunderte brauchen,
um dem alten ähnlich zu werden e).

Der Herr Baron von Meldinger, Secretair
beym niederöſtreichiſchen Juſtiz-Tribunal, hat 1789
einen künſtlichen Torf erfunden, der aus ſolchen Dingen beſteht, die in Oeſtreich in Menge wachſen, und
bisher nicht gebraucht wurden und ſelbſt von Kin-
dern bereitet werden kann. Er ſoll dem gewöhnlichen Torf noch vorzuziehen ſeyn, weil er keinen unan-
genehmen Geruch macht und länger dauert. Dieſe
nützliche Erfindung iſt bereits erprobt worden und
man verſpricht ſich große Vortheile von derſelben.

Der verſtorbene Profeſſor Hadelich hat aus
Torf ſogar Papier bereitet, doch wurde es nicht
weiß. Aus ſchlechtem Torf machte er Pappe, aus
den Kohlen des Torfs ſchwarze Farbe, Tuſche und
Druckerfarbe. Aus Torf machte er Tapeten und
aus den Faſern des Torfs ein Tuch; aus Torfpap-
pe, mit einem Lack überzogen, machte er Feuer-
eymer f).

Im Jahr 1790 grub man in einem Dorfmoore
Theile eines Mädchens aus, die ganz erhalten waren und in welchen die Haut völlig dem Leder gleich
kam; dieſe Entdeckung veranlaßte den Vorſchlag,
in den Torfmooren Leder zu gerben, womit auch
Verſuche gemacht wurden. Der Torf iſt wegen
ſeines zuſammenziehenden Stoffs wirklich zur Ger-
berey

bereb geſchickt; die Moore müſſen aber vor allen
Dingen eine trocknere Lage haben, wenn das Leder
nicht von der Fäulniß leiden ſoll.   Noch beſſer als
Moorwaſſer wirkt das Waſſer, welches beym Verkohlen des Torfs gewonnen wird g).

a) Tacit. Annal. XIII. 57.   b) Plin. N. H. XVI. 1.
c) Beckmanns Beyträge zur Geſchichte der Erfindungen II. Th. S. 192. folg.   d) Jablouſkie Allg. Lex.
1767 I. S. 724.   e) De Lüc Briefe über die Geſch.
der Erde und des Menſchen. II. B. deutſche Ueberſ.
S. 314. CXXIV. u. f. Briefe.   f) Reichs Anzeiger,
1794. Nr. 65. S. 603 = 605.   g) Verhandlungen
und Schriften der Hamburgiſchen Geſellſchaft zur
Beförderung der Künſte und nützl. Gewerbe 1. B.
1792. 8.

Torre (Della) ſ. Microſcop.

Torricelli (Evangeliſta) ſ. Barometer, Luft, Mechanik, Phyſik.

Torricelliſche Röhre ſ. Barometer.

Tortur, oder die peinliche Fragen mit Foltern und
Schrauben, führte Tarquinius Superbus ein.

Iſidor. Origen. Lib. V. cap. 4. Cedrenus. p. 123.

Toſorthus ſ. Haus, Steinhauerkunſt.

Toß (Georg) ſ. Meſſingbrennen.

Tott (Baron von) ſ. Optik, Talkſtein.

Toupet.   In den älteſten Zeiten trug man das Haar
ganz ſchlicht.   Die Töchter des Celeus ließen es
fliegend über den Nacken herabhängen a); nachher
faßte man es mit einem beſondern Kopfputz zuſammen b); dann wurde es geflochten und in künſtliche
Locken geſchlagen c).   Im Virgil d) wirft Tur-
nus

nus dem Aeneas vor, daß er seine Haare kräuselte und parfümirte; und Homer erzählt, daß sich Paris die Haare auf der Stirn in zwey Theile theilte, die als Spitzen in die Höhe standen und also gleichsam zwey Hörner bildeten; dieß wäre sonach das älteste Toupet e). Auch Ovid gedenkt des gekräuselten Haares f).

In Frankreich kam die Damenfrisur unter Franz I auf; sie bestand in vielen kleinen Löckchen mit eleganten Tocques und Federn. Unter den Königen Heinrich III. IV. Ludwig XIII. XIV. XV. durchflochten die Damen die Haare mit Perlen. Die Königin Margaretha von Valois war die erste Dame in Europa, die sich ganz in Haaren aufsetzte und zuerst Steine und Federbüsche hineinsteckte. Unter Ludwig XIV fiengen auch die Mannspersonen an, lange und frisirte Haare zu tragen g).

In der Mark Brandenburg kamen die gekräuselten Haare unter Churfürst Friedrich Wilhelms Regierung auf h).

Der Peruckenmacher Chaumont in Paris erfand ein neues künstliches Toupet, das aus einem Gemisch von Biber- und Menschenhaaren besteht, und das ohne Netz, vermittelst einer anziehenden Pomade so gut auf der Stirn befestiget wird, daß es mit der Haut eins zu seyn scheint, und einem leichten entstehenden Pflaum gleicht i).

a) Hom. H. Ceres. 177. b) Hom. Il. X. 468. c) Hom. Il. ς. 176. d) Virgil. Aen. XII. v. 100. e) Hom. Iliad. XI. v. 385. f) Ovid. Met. Lib. V. v. 53. g) Pandora 1788. h) J. P. von Ludwig
in

in den Hallischen gelehrten Anzeigen. I.Th. S 427,
431. i) Gothaischer Hof-Kal. 1783.

Tour (Mauritius de la) s. Pastelmalerey.

Tour (de la) s. Magnetnadel.

Tournefort s. Kräuterkunde, Metallurgie.

Tournesol wird von den Holländern aus den Tüchern
bereitet, die man zu Grand-Garlagues, fünf
Stunden von Montpellier verfertiget. Mit dem
ausgepreßten Safte des Laubes von Croton tincto-
rium färbt man rein gewaschene alte Lappen von
Hanfzeug grün und verändert diese grüne Farbe dadurch in eine dunkelblaue, daß man die wohlgetrock-
neten Lumpen dem Dunste des alcalescirenden Urins
oder Mistes aussetzt. Diese Lappen werden hernach in Säcke gepackt, häufig nach Holland, auch
England geschickt, und von den Weinbereitern gebraucht, um dem Weine eine annehmliche Farbe
zu geben. Man nennt sie Tournesol. Die Holländer bereiten auch daraus den so genannten Lackmus. Vergl. Lackmus.

> Neue physikalische Belustigungen. II.B. Prag. 1771.
> S 95. aus der daselbst befindlichen Abhandlung des
> Montels aus der Pariser Academie 1754. von den
> Tüchern u. s. w.

Tournier s. Turnier.

Tournosen, Tournos-Groschen, sind eine Geldsorte,
die ihren Namen und Ursprung von der Stadt Tours
in Frankreich hatte. Es gab große, kleine, weiße
und schwarze Tournosen. Die können aber nicht
erst 1226 aufgekommen seyn, denn 1104 kommt
schon der Tournos-Groschen in dem Privilegio
Kay-

Kayser Heinrichs vor, welches er dem Stift St. Simeon in Trier ertheilte, und 1212 gab es schon cöllnische Tournosen.

Traités de Monnoyes par Mr. Abot de Bazingen. T. II. p. 668.

Toussaint s. Schiffsverbesserungen.

Tourville s. Hydraulik.

Toutin (Johann) s. Email-Malerey.

Townley s. Regenwasser.

Toxaris s. Philosophie.

Tozzi. s. Pflaster.

Trabanten, Nebenplaneten, Monden, Satelliten der Planeten, sind diejenigen kleinen Planeten unsres Sonnensystems, die um einen andern Hauptplaneten herumlaufen und ihn beständig begleiten.

Vor Erfindung der Fernröhre kannte man nur einen Nebenplaneten, nemlich den Mond, der unsre Erde begleitet.

Trabanten des Jupiters.

Im November 1609 bemerkte Simon Marius oder Mayer aus Gunzenhausen, ein Mathematiker des Marggrafen zu Brandenburg, in Anspach durch eins der ersten holländischen Fernrohre, die nach Deutschland gekommen waren, um den Jupiter einige kleine Sterne. Er beobachtete sie vom 29. Dec. 1609 bis zum 12ten Jenner 1610 genauer und durch bessere Gläser. Eine Reise unterbrach aber die Beobachtungen bis zum 8ten Februar 1610, dann setzte er sie wieder fort und im Anfang des

Mär-

Märzes war er gewiß, daß dieser Sterne vier und daß es Monden des Jupiters waren, die er zu Ehren des Marggräflichen Hauses sidera Brandenburgica nannte. Er berechnete auch die Umlaufszeiten der beyden äussersten Jupiterstrabanten und machte seine Entdeckungen zuerst in dem fränkischen Kalender vom Jahr 1612 a), dann aber 1614 in einem größeren Werke bekannt b).

Galilei bemerkte durch ein von ihm selbst zusammengesetztes Fernrohr diese vier Jupiterstrabanten erst am 7ten Januar 1610, kam aber dem Marius an schneller Beurtheilung, genauer Beobachtung und Bekanntmachung der Sache zuvor; denn in dem eben genannten Jahre machte er diese Entdeckung schon bekannt c), bestimmte die Umlaufs-Zeiten dieser Monden genauer als Marius und nannte sie sidera medicea, zu Ehren des Großherzogl. Toscanischen Hauses. Noch im Jahr 1610 bestätigte Kepler diese Entdeckungen durch eigne Beobachtungen d) und freute sich darüber, weil dadurch der Lauf der Erde mit ihrem einzigen Monde um die Sonne vollkommen bestättiget wurde.

Rheita machte 1655 bekannt, daß er noch fünf neue Trabanten des Jupiters entdeckt habe, die er, nach dem Pabst Urban VIII, planetas Urbanoctavianos, oder, nach Ferdinand III, Ferdinando tertios, oder, von dem Beobachtungsorte Cölln, Agrippinos, nannte. Er irrte aber, denn seine angeblichen Planeten waren Fixsterne, nemlich fünf Sterne des Wassermanns, die Jupiter verließ, als er aus seiner Stelle fortrückte.

Die

Die Theorie der Jupiterstrabanten entdeckte Johann Dominicus Cassini, ein Piemonteser, († 1712) e); er berechnete die Bewegung der Jupiterstrabanten und gab 1693 die Tafeln dazu heraus f), er berechnete die Finsternisse, welche diese Trabanten dem Jupiter verursachen g), er beobachtete, daß der Jupitersmond zuweilen von der Seite verdunkelt wird, wo er frey von der Sonne bestralt wird k), er machte auch, nebst dem Olaus Römer aus Aarhus, in den Jahren 1670 bis 1675, die Beobachtung von der Verspätung der Jupiters Trabanten bey ihren Verfinsterungen und beyde erklärten dieselbe aus der allmäligen Fortpflanzung des Lichts, wodurch nemlich der aus dem Schatten tretende Trabant um 14 Minuten später sichtbar würde, wenn die Sonne zwischen der Erde und dem Jupiter stehe, und also das Licht 14 Minuten Zeit brauche, den Durchmesser der Erdbahn zu durchlaufen i).

Trabanten des Saturns.

Am 25ten März 1655 entdeckte Huygens, der den Saturn mit Fernröhren von 12 bis 23 Fuß Länge beobachtete, zuerst einen Saturnsmond, der in der Ordnung der vierte und unter allen der größte ist k). Johann Dominicus Cassini oder der ältere dieses Namens, ein Piemonteser, entdeckte durch ein Fernglas von 17 Fuß am Ende des Octobers 1671 den fünften, dann am 23. December 1672, durch ein Fernglas von 35 bis 70 Fuß Länge, den dritten Trabanten des Saturn. Endlich entdeckte er, im März 1684, durch Fernröhre von

100 bis 136 Fuß Länge und zwar mit den fürtreffli-
chen Objectivgläfern, die Ludwig XIV. von dem berühmten Campani aus Bologna kommen ließ, noch
den erften und zweyten Saturnstrabanten l). Zu
Ehren Ludwigs des XIV nannte er diefe Trabanten
fidera Ludovicea. Indeffen blieben diefe Entdeckungen noch einigen Zweifeln unterworfen, bis D.
Pound im Jahr 1718, durch ein Objectivglas von
123 Fuß Brennweite, den Saturn von fünf Trabanten begleitet erblickte m). Lange Zeit kannte
man alfo nur fünf Trabanten vom Saturn; aber
am 28ten Auguft 1789 entdeckte Friedrich Wilhelm Herfchel, aus Hannover gebürtig, durch fein
40 fchubiges Spiegeltelefcop, noch einen fechften,
und am 17ten Septemb. 1789 noch einen fiebenten
Saturnsmond und da diefe beyde dem Saturn am
nächften ftehen, fo werden fie in der Ordnung der
erfte und zweyte genannt n).

Vermeynter Trabant der Venus.

Der ältere Caffini bemerkte am 24. Januar,
1672 und wieder im Jahr 1686 einen hellen Punkt
neben der Venus, den er für ihren Trabanten hielt.
Short in London beobachtete eben diefes 1740 zu
verfchiedenenmalen; Montaigne zu Montpellier wollte 1761 diefen Trabanten noch deutlicher gefehen
haben und Rödkiär beftätigte das Dafeyn deffelben
durch feine 1764 am 3. 10. und 11ten März gemachten Beobachtungen; allein neuere Beobachtungen
machten die Sache unficher und P. Hell in Wien
zeigte fchon 1766 aus fehr wahrfcheinlichen Gründen, daß der vermeynte Trabant der Venus ein op-
tifcher

tischer Betrug des Telescops sey, vermittelst dessen
gehöriger Stellung man sich einen Trabanten um
die Venus machen könne, wenn man wollte o).
Der Herr Inspector Köhler zu Dresden glaubte am
11ten Dec. früh 7 Uhr 1777 ebenfalls den Mond
der Venus zu sehen p); man vermuthet aber, daß
er ebenfalls durch das Fernrohr getäuscht worden sey.

Trabanten des Uranus.

Am 11ten Jenner 1787 entdeckte Herschel in
London, durch ein 20 füßiges Telescop, indem er
einen kleinen Spiegel davon wegließ und den großen
inclinirte, zwey Trabanten des Uranus und bestimmte ihre Umlaufszeiten q).

Trabanten der Firsterne.

Die Trabanten der Firsterne hat der Abbé
Mayer 1778 zuerst entdeckt und Herr Pastor Schulens hat diese Entdeckung durch neue Beobachtungen im Jahr 1780 bestätiget r).

a) Beckmanns Beyträge zur Geschichte der Erfindungen. I. B. S. 117. b) Mundus Jovialis a. 1609.
detectus, ope perspicilli Belgici. Norimb. 1614.
c) Galilei Nuncius sidereus. Venet. 1610. 4. d)
Narratio de observatis a se quatuor Jovis satelliti-
bus erronibus. Pragae. 1610. 4. e) Nachrichten
von dem Leben und den Erfindungen berühmter Mathematiker. Münster 1788. I. Th. S. 57. f) Bions
mathemat. Werkschule 1741. erweitert von Doppel-
mayer. S. 276. g) Wolf mathemat. Lex. 1716.
p. 1221. h) Ebendas. p. 856. i) Nachrichten von
dem Leben und Erfind. ber. Mathemat. Münster.
1788. I. S. 242. k) Systema Saturnium p. 9.

l) Du

l) Du Hamel Regiae Scient. Academiae historia
ad ann. 1684. Cap. III. p. 244. m) Gehler
physikal. Wörterbuch III. S. 337. 338. n) Gothai-
sche gelehrte Zeitung 103 Stück. vom 26. Dec. 1789.
o) Allgem. Lit. Zeitung. Jena. 1786. Nr. 25. p)
Wittenberg. Wochenblatt. 1777. St. 50. q) Allgem. Lit. Zeitung. Jena. 1787. Nr. 65. Lichtenbergs Magazin IV. B. 4. St. S. 16. 1787. r) Schülens Beyträge zur Dioptrik. Nördlingen. 1782.

Träger s. Stahlklavier.

Tragisches Gedicht erfand Arion von Metymna, einer Stadt auf der Insel Lesbos; er lebte in der
28 Olympiade.

> Universal Lex. II. p. 1423.

Trajanus (Ulpius) s. Bibliothek.

Trampe s. Kräuterkunde.

Transfusion des Bluts s. Blut.

Transparentspiegel oder Glastafelstativ ist ein
Hülfsinstrument zum Copiren für Zeichner. Es besteht aus einem in einen hölzernen Rahmen einge-
faßten gut geschliffenen Spiegelglase ohne Folie,
welches zwischen das Papier, worauf man zeichnet,
und zwischen das Original, das man abzeichnet,
perpendicular aufgestellt wird. Durch einige sehr
einfache Einrichtungen verjüngt und vergrößert sich
das abzuzeichnende Object auf dem Papiere; so daß
man es bequem nachzeichnen kann. Auch Gegenstände in Natur kann man vermittelst dieser Maschine verjüngen und nachzeichnen. Herr Conrad
Bernhard Meyer in Aurich ist der Erfinder dieser
Maschine und erhielt von dem Herzoge von Olden-
burg eine Belohnung dafür. Er machte dieselbe
1788

1788 in einer besondern Schrift bekannt a). Im Sachsen-Meiningischen verfertiget der Tischler Joh. Georg Triebel in Sonneberg dergleichen Spiegel b).

a) Der Transparentspiegel oder Beschreibung eines neuen sehr einfachen und nützlichen Instruments für Zeichner rc. von Conrad Bernhard Meyer. Mit zwey Kupfertafeln. 1788. Aurich, bey Winter. b) Hamburgische Neue Zeitung. 1790. 13tes Stück. Freytag, den 22. Januar.

Transporteur, in Form eines rechtwinklichten Triangels hat Professor Lambert angegeben.

Trapelierkarte s. Kartenspiel.

Traßstein, Trasset, Taraß, klein gemahlner Cement-Duck- oder Topfstein, der hauptsächlich im Cöllnischen bey Brühl und Andernach bricht. Er besteht aus Duckstein, Stücken von Bimsstein und Eisentheilchen. Er ist theils weißlich, theils braun, nicht Thon- sondern Sandsteinartig. Bey den Mineralogen ist er lange nicht bekannt gewesen; Cronstädt ist der erste, der ihn anführt. Dieses Mineral, dessen Ursprung man den ausgebrannten Vulkanen zuschreibt, giebt einen im Wetter und Wasser dauerhaften Mörtel.

Jacobson technol. Wörterbuch IV. S. 426.

Trauerspiel s. Schauspiel.

Traumdeuterey. Die ersten Spuren davon findet man unter den Chaldäern. Die Griechen hielten den Amphictyon für den Erfinder der Traumdeuterey.

Plin. VII. 56.

J 3 Traß

Traxdorf (Heinrich) ſ. Pedal.

Treſler (Chriſtoph) Automaton, Penduluhr, Zau-
berlaterne.

Trefurt ſ. Spinnrad mit doppelter Spuhle.

Trefy ſ. Hut.

Trembley ſ. Polypen; Reproduction.

Tremel ſ. Schiffsverbeſſerungen.

Treppe. Der berühmte Mathematicus, Erhard
Weigel, in Jena, erfand einige künſtliche Treppen,
wovon die erſte Pons heteroclitus oder Verkehrbrücke
genannt wird, worauf man den Fuß immer unter
ſich ſetzt und der Empfindung nach hinabgeht, aber
unterdeſſen doch allmählich gehoben wird und bey
dem Austritte in das obere Stockwerk gelanget.
Ferner ließ er im Collegio am Dachgeſchoſſe eine
Treppe machen, über welche zwar ein Menſch, aber
kein Huud auf- und niederſteigen konnte. Endlich
erfand er einen Fahrſeſſel, der in einem drey Fuß
weiten Einſchnitte in der Wand ſo angebracht iſt,
daß man ſich durch Gegengewichte geſchwind aus
einem Stockwerk ins andere auf und niederlaſſen
kann.

    Jablonſkie Allgem. Lex. 1767. II. S. 1587.

Tretmaſchine. Herr Johann Gottfried Sattler in
Budiſſin machte bekannt, daß er für 6 Rthl. an
Liebhaber die Beſchreibung und Zeichnung einer
durch Ochſen oder Pferde zum Treten eingrichteten
Maſchine ablaſſen wolle, durch die alle mögliche
Maſchinen in Bewegung geſetzt werden können, und
die ſich vor allen bisher gewöhnlichen Tretmaſchi-
nen dadurch auszeichnet, daß ſie für den vierten
                               Theil

Theil der sonst zu einer Tretmaschine erforderlichen
Kosten und auf dem sechsten Theile des sonst dazu
erforderlichen Platzes erbauet werden kann.

Der Anzeiger. 1791. Nr. 144. vom 14. Dec. S. 1094.

Tretmühle. Herr Berthelot in Paris hat das Mo-
dell einer Mühle erfunden, die von Menschen durch
Treten bewegt werden kann, wenn es an Wind,
Wetter, Waffer oder Pferden fehlt.

Lauenburg. Genealog. Kalender. 1782. S. 47.

Tretrad f. Spinnrad.

Trew. (Herr von) f. Schießpulver.

Trew (Abdias) f. Temperatur.

Trezzo (Jacob von) f. Diamant, Steinschleiferkunst.

Triangel (f. Trigonometrie.)

Tribock, Trypock, ist ein Sturmwerkzeug oder
Schnellzeug, womit man große Steine im Bogen
über die Mauern eines belagerten Orts warf; es
soll im Jahr 1212 in Nürnberg erfunden worden
seyn, wie man aus den Worten des Chronologi-
sten Mutius a) schließen will, aber Herr von Murr
hält diese Maschine für eine Erfindung der Italiener, welches er aus dem Namen schließt, denn
die Italiener nannten sie trabocco oder trabucco
von traboccare. Heinrich Raspe, der Gegenkayser Friedrichs II, bediente sich im Jahr 1246 bey
Belagerung der Stadt Reutlingen einer solchen Maschine, die 126 und einen halben Werkschuh lang
war b). Auch Otto IV soll sich derselben in dem
Kriege mit Herrmann, Landgrafen von Thüringen,
bedient haben c).

J 4   a) Mu-

a) Mutius. Lib. 19. p. 194. b) Journal zur Kunst-
geschichte vom Hr. von Murr. Th. V. S. 162.
c) Von Wöltern Singularia Norinbergensia S. 566.

Tribometer s. Reibemesser.

Tribonianus s. Rechtsgelehrsamkeit.

Triewald s. Getreide, Taucherglocke, Ventilator.

Trigonometrie ist ein Theil der Geometrie, welcher
lehret, alle Triangel nach ihren Winkeln und Seiten auszumessen, wie auch aus drey gegebenen
Stücken z. B. aus zwey bestimmten Seiten und
einem Winkel, oder aus einer Seite und zwey gegebenen Winkeln, die übrigen unbekannten Stücke
auszurechnen.

Thales von Mileto zeigte zuerst, wie man einen gleichseitigen Triangel in einem Zirkel beschreiben konnte a) und entdeckte auch zuerst, daß ein
Triangel, der den Durchmesser des Zirkels zur
Grundlinie hat und dessen beyde Seiten sich in der
Peripherie berühren, allemal ein rechtwinklichter
Triangel seyn b) müsse; diese Entdeckung soll ihn
auf die Trigonometrie geleitet haben, deren Erfindung ihm einige zuschreiben. Man macht ihn auch
zum Erfinder der Kunst, durch Dreyecke diejenigen
Weiten zu messen, zu denen man nicht kommen
kann c).

Andere sagen, erst Hipparch von Nicäa habe,
durch den häufigen Gebrauch der Rechenkunst und
Geometrie bey der Sternkunde, die Trigonometrie
erfunden d); wenigstens führt Theon e) eine
Schrift des Hipparchs an, welche die älteste Schrift
ist, die man über diese Wissenschaft aufzeigen könnte;

te; sie handelte von den Chorden oder Sehnen, welcher letztern sich die Alten statt der Sinusse bedienten. Ptolemäus brauchte die Trigonometrie schon in seiner Astronomie f).

Die Alten bedienten sich in der Trigonometrie der Sehnen; nach einigen führten schon die Saracenen dafür die Sinus ein und beyde theilten sie in 60theilige Brüche g).

Die Lehrsätze, wodurch die rechtwinklichten sphärischen Triangel aufgelöset werden können, soll Geber erfunden haben; wenigstens ist die Abhandlung der Trigonometrie vor seinen astronomischen Schriften die älteste, worinn man diese Lehrsätze findet h).

Nach andern führten nicht die Saracenen, sondern Georg Purbach, (geb. zu Peurbach in Oestreich 1423. † 1461) in der Trigonometrie statt der Chorden zuerst die Sinus ein und nahm den Halbmesser des Kreises, als den Sinum totum, in 600000 Theilen an, wofür sein Schüler Regiomontanus oder Joh. Müller von Königsberg in Franken (geb. 1436 † 1476.) 100000 annahm und zuerst den Gebrauch der Tangenten in der Trigonometrie einführte, wofür er auch Tafeln berechnete i). Sein Buch de triangulis, welches er 1464 schrieb und welches Schoner 1553 herausgab, ist das älteste Buch von der Trigonometrie, das auf unsre Zeiten kam k).

Wie man aus den drey gegebenen Seiten eines Triangels, ohne eine Perpendikularlinie, den Ja-

J 5

halt

half finden soll, hat Nicol. Tartalea oder Tartaglia aus Brescia, im 16ten Jahrh. zuerst gelehrt l).

Einen allgemeinen Beweis der Regeln der sphärischen Trigonometrie erfand Joh. Heinrich Lambert (geb. 1728. zu Mühlhausen im Sund-gau, † 1777.) m).

Auch Neper, Heinrich Wilson und Christian Wolf haben sich um die Trigonometrie verdient ge-macht.

a) J. A. Fabricii Allgem. Histor. der Gelehrs. 1752. 2 B. S. 192. b) Diog. Laërt. V. Segm. 27. c) Juvenel de Carlencas (Gesch. der schönen Wiss. und freyen Künste, übers v. Joh. Erh. Kappe. 1749. 1. Th. 2 Abschn. XIII. Kap. S. 268. d) Nachrichten von dem Leben und den Erfindungen berühmter Mathe-mathiker. 1788. I. Th. S. 143. J. A. Fabricii Allgem. Hist. der Gelehrs. 1752. 2. B. S. 199. e) Theon in Comment. Almag. Lib. I. c. 9. f) J. A. Fabricii Allgem. Hist. der Gelehrs. 1752. I. B. S. 457. g) Wolf Mathemat. Lex. 1716. p. 1283. h) Nachrichten von dem Leben und den Erfindungen berühmter Mathematiker. S. 109. i) Ebendaselbst S. 232. k) Stolle Historie der Gelahrtheit I. Th. VII. Kap. S. 308. l) Nachrichten von dem Leben und den Erfind. berühmter Mathematiker. S. 260. m) Ebendas. S. 173.

Trillard s. Schleife.

Trinkgefäße; die ältesten waren die Hörner der Thiere.

Athenaeus. XI. p. 476.

Tripper, eine venerische Krankheit, deren Alexander Benedictus 1497 und Jac. De Bethencourt 1527 zuerst gedachten.

Abhand-

Abhandlung über die venerische Krankheit, von Christoph Girtanner. 1789. IIter Band.

Triptolemus f. Ackerbau, Brod, Gesetz, Getraide, Pflug.

Triquetrum ist ein Instrument, womit man die Höhen und Weiten bequem messen kann. Man schreibt die Erfindung desselben dem Ptolemäus zu.

Wolf mathemat. Lex. Leipzig. 1716. S. 1433.

Trisette oder die drey Sieben, ist ein Kartenspiel, das aus Neapel stammen soll. Die Benennung Trisette ist also wahrscheinlich aus den Wörtern trois und sept entstanden.

Pandora. 1788.

Trissino (Joh. Georg) f. Schauspiel.

Triumph war ein hauptsächlich bey den Römern gewöhnlicher prächtiger Aufzug, den der Rath zu Rom den siegreichen Feldherren zu Ehren anordnete. Zuerst zog das siegreiche Kriegsvolk in die Stadt ein, diesem folgte der große Rath, nun kam der Sieger, der auf einem prächtigen mit vier Pferden bespannten Wagen fuhr, diesem folgten die Gefangenen, die Beute, die Abbildungen der eroberten Städte und andere Siegeszeichen. Der Zug gieng auf das Capitolium, wo erst geopfert und dann geschmaußet wurde. Den ersten Triumph soll Romulus im 4ten Jahr nach Roms Erbauung oder 749 Jahr vor Christi Geburt gehalten haben a), nach andern aber soll Tarquinius Priscus zuerst im Triumph zu Rom eingezogen seyn b). Man rechnet von der Erbauung Roms bis auf die Zeiten Vespasians dreyhundert und zwanzig Triumphe, die in

Rom

Rom gehalten wurden. Der Ruſſiſche Kayſer, Peter I ahmte, nach dem 1709 bey Pultawa er- fochtenen Siege, dieſe Sitte der Römer nach und zog am erſten Jenner 1710 mit allen ſchwediſchen Kriegsgefangenen in die Hauptſtadt Moſcau öffent- lich im Triumphe ein c).

a) Dionyſ. Halicarn. Antiquit. Rom. Lib. II. b) Eu- trop. Brev. Hiſt. Rom. Libr. I. c. 5. §. 3. c) Ja- blonſkie Allgem. Lex. Leipzig 1767. II. S. 1591.

Triumph-Wagen ſ. Wagen.

Trivial-Schulen ſ. Künſte.

Trochilus ſ. Anſpannen, Wagen.

Trockenheitsmeſſer iſt eine Maſchine, welche die Trockenheit und Feuchtigkeit der Erde genau angiebt und für den Ackerbau von Wichtigkeit iſt. Herr Maurice erfand ſie und Herr Paul verfertigte ſie im Jahr 1789.

Lichtenbergs Magazin. VI. B. 2. St. S. 95. 1790.

Trockner Weg oder das Verfahren, Gold vom Sil- ber durch die Präcipitation zu ſcheiden, wurde von einem Goldſchmidt, Namens Pfannenſchmidt, in Quedlinburg, gegen das Ende des 17ten Jahrhun- derts erfunden. Sein Sohn, ein Arzt, erbte dieſes Geheimniß, welches man erſt allein zu Goß- lar viele Jahre mit großem Vortheil anwendete.

Troja ſ. Staar.

Tromlitz (Joh. Georg) ſ. Flöte.

Trommel erfanden die Egyptier a); beſonders ſchreibt man dieſe Erfindung der Cybele zu b); die Abyſſinier ſagen: Thot habe die Trommel aus

Egy-

Egypten nach Aethiopien gebracht c). Zu China
soll Chy-pe dieselbe erfunden haben d). In Creta
wurde Celmis, ein Priester des Jupiters, für ihren Erfinder gehalten e).

a) J. A. Fabricii Allgem. Historie der Gelehrf. 1752.
2. B. S. 71. b) Forkels Geschichte der Musik.
I. Th. S. 204. c) Ebendas. S. 87. d) Goguet
vom Ursprunge der Gesetze. III. S. 274. e) Forkel
a. a. D. I. Th. S. 307.

Trompeten sind bekannte Blasinstrumente, die sehr
alt sind, denn bekanntlich hält man die Blasinstrumente für die ältesten musikalischen Instrumente.
Man hält die Egyptier und besonders den Osiris
für den Erfinder der Trompete a). Die Egyptier
brauchten sie lange Zeit nur bey den Opfern b).
Von diesen kam der Gebrauch der Trompeten zu den
Israeliten; schon im Hiob findet man Spuren,
daß die Trompete das Zeichen des Angriffs im Kriege war c). Moses erfand die silbernen Trompeten d) und Bezaleel verfertigte zwey derselben. Die
Chineser halten den Khy-pe für den Erfinder der
Trompeten e); sie sollen sehr große Instrumente
dieser Art gehabt haben. Bey den Griechen halten
einige den Arichondas, andere aber den Tyrrhenus,
einen Sohn des Herkules, für den Erfinder der
Trompete f). Des Tyrrhenus Begleiter hatten
einen Menschen gefressen und dadurch die Einwohner der Gegend verscheucht; Tyrrhenus wollte sie
wieder versammeln und bediente sich dazu einer durch-
löcherten Muschel g). Die Kriegstrompete der
Griechen soll Pan erfunden, in dem Titanenkriege
zuerst gebraucht und dadurch die Feinde so sehr er-
schreckt

schreckt haben, daß sie die Flucht ergriffen h). Die eherne Trompete erfand Pisäus, ein Tyrrhener i), nach andern die Hetrusker k), die sich auch derselben im Kriege bedienten l). Acron erzählt zwar, daß Dircäus, den Justin Tyrtäus nennt, und der ein berühmter Poët der Athenienser war, die Trompete aus Erz erfunden habe m); aber wahrscheinlich ist dieses so zu verstehen, daß Pisäus die eherne Trompete bey den Tyrrhenern erfand und Tyrtäus dieselbe bey den Lacedämoniern einführte. Dieser Tyrtäus war lahm und wurde von den Atheniensern den Lacedämoniern zum Anführer, im Kriege wider die Messenier gegeben, wo er etwa 685 Jahre vor Christi Geburt den Gebrauch der Trompete bey den Lacedämoniern einführte. Helegius, ein Sohn des oben genannten Tyrrhenius, führte, wie Pausanias meldet, die Trompete bey den Doriern ein. Wenn die Erzählung, daß Alexanders Heer durch den Schall eines großen Horns zusammen gerufen wurde, wahr wäre: so war es vermuthlich eine große Trompete (vergl. Sprachrohr). Die heutige Gestalt erhielt die Trompete von einem gewissen Mori, unter König Ludwig XII.

a) Bartholinus de tibiis Veterum. Lib. 3. cap. 7. p. 393. b) Clem. Alex. Paedag. Lib. 11. c. 4. p. 164. c) Hiob 39, 24. 25. d) 4 Mose X. 2 10. e) Goguet vom Ursprunge der Gesetze III. S. 274. f) Pausan Corinthiac. cap. 21. g) Hyginus Fab. 274. h) Seybolds Mythologie. S. 250. i) Theodoreti Serm. Lib. I. pag. 7. Isid. Orig. Lib. 18. c. 9. Plin. VII. sect. 57. k) Clem. Alex. Strom. Lib. I. l) Clem. Alex. Paedag. Lib. 11. c. 4. p. 164. m) Forkels Gesch. der Musik. I. Th. S. 290.

Troost-

Troostwyk. s. Wasser.

Troygewicht hat seinen Namen von der Stadt
Troyes in Champagne, wo es zuerst gebraucht
wurde.

Jablonskie Allg. Lex. 1767. II. S. 1594.

Truchet (Sebast.) s. Kanone.

Trugschluß s. Dialektik.

Trullard s. Magnet.

Tschiffeli s. Säemaschine.

Tschirnhausen (Ehrenfried Walther von) s. Brenn-
glas, Brennlinie, Brennspiegel, Fernglas, Glas-
hütte, Glasschleifen, Gleichung, Porzellan, Pro-
portional-Zirkel.

Tschirsli s. Clavicord, Saitenharmonika.

Tsiou-ho-ki s. Puls.

Tuba Eustachiana wurde schon von dem Alcmäon
von Croton entdeckt a), nachher gerieth sie wieder
in Vergessenheit, bis Bartholomäus Eustachius
(† 1561) aus Sanseverino sie wieder entdeckte b),
der sie auch beschrieben hat.

a) J. A. Fabricii Allgem. Hist. der Gelehrs. 1752.
2. B. S. 237. 3. B. 1754. S. 544. b) Ebendas.
3. B. 1754. S. 544.

Tubae Fallopianae, zwey hohle Kanäle im utero,
die man auch Muttertrompeten nennt, sollen schon
vom Rufus aus Ephesus entdeckt worden seyn a);
nachher entdeckte sie Gabriel Fallopius aus Modena († 1563) wieder b).

a) J. A. Fabricii Allgem. Hist. der Gelehrs. 1752.
2. B. S. 357. b) Jablonskie Allg. Lex. Leipzig.
1767. I. S. 929.

Tubal-

Tubalcain ſ. Schmiedekunſt.

Tuberoſe iſt eine jetzt bekannte Blume, die der ſpani-
ſche Arzt Simon van Tovar vor dem Jahre 1594
aus Oſtindien erhielt, wo ſie auf Java und Ceylon
wild wächſt. Le Coue zu Leyden zog zuerſt gefüllte
Tuberoſen aus dem Saamen.

> Beckmanns Beyträge zur Geſchichte der Erfindungen.
> III. B. 2. St. S. 298.

Tubertus (Poſthumius) ſ. Krone.

Tubulos urinarios entdeckte Nicolaus Maſſa und
machte ſie zuerſt in ſeinem Buche Anatomiae Intro-
ductorium, Venedig, 1536 bekannt.

> J. A. Fabricii Allgem. Hiſt. der Gelehrſ. 1754. 3. B.
> S. 556.

Tubus ſ. Fernglas.

Tuch und Tuchmacherhandwerk. In den älteſten Zeiten gaben ſich die Frauenzimmer mit der Bereitung der
Tücher ab. Selbſt Auguſtus trug noch die Kleider, die
ſeine Gemalin, ſeine Schweſter und ſeine Tochter ſelbſt
verfertiget hatten a). Nachher legte man große
Gebäude an, in denen viele Weibsperſonen für
den Kayſer arbeiteten. Die Tücher in den Abend-
ländern wurden nur aus Wolle gemacht und waren
entweder langhaarig oder geſchoren b). Die Gal-
liſchen Manufacturen waren die berühmteſten. Zur
Zeit des Gallienus wurden die zu Arras verfertigten
Tücher ſehr geſucht und zu einer Art Soldatenklei-
dung (Sagum) gebraucht. Daß die Tücher, welche
ganz weiß bleiben ſollten, geſchwefelt werden mußten, war ſchon dem Plinius und Iſidorus bekannt c).

Die

Die melirten Tücher warden von den Engländern ums Jahr 1614, als sie ihre Tücher noch in Holland färben ließen, erfunden d). Auch gab der Engländer Johann Ray um das Jahr 1737 eine Einrichtung an, wodurch ein Mann, ohne Verlust an Zeit, die breitesten Tücher weben kann. Auch französische Manufacturen führten diese Einrichtung ein; man hat sie aber nachher nicht so vortheilhaft befunden, als man hoffte e).

Der P. Antonio Minasi, ein Dominikaner in Neapel, hat den Vortheil erfunden, aus den Fasern der amerikanischen Aloe eine Art von dickem Tuch zu Wand= und Fußtapeten zu weben, die man al Fresco nennt, mit Oelfarben bemalen kann und die dem Mottenfraße nicht ausgesetzt sind. Biegsamkeit und Weiße giebt man diesen Fasern durch Seifenwasser und wenn die Arbeit bunt seyn soll, werden sie roh gefärbt f).

Der Hutfabrikant Frey in Stralsund machte 1791 bekannt, daß er eine ganz neue Art Tuch aus Kastor zu verfertigen erfunden habe, welches wegen seiner Leichtigkeit unter die Seltenheiten der Künste gerechnet zu werden verdient. Der Erfinder hatte die Ehre, dem Herzoge von Mecklenburg=Strelitz verschiedene Stücke zu präsentiren und zu verkaufen, worunter besonders ein Stück zu 9 Ellen, 4 Viertel breit, nicht mehr als 22 Loth wog. Der Herzog hat den Erfinder, außer dem Kaufpreise, zum Andenken mit einer goldenen Uhr begnadigt g).

a) Sueton. in Augusto. 73. b) Plin. H. N. Lib. VIII. c. 47. c) Antipandora II. S. 523. d) Beckmanns

Busch Handb. d. Erf. 7. Th.   K   Tech=

Technol. 1784 S. 46. e) Ebendaf. S. 56. f) Meuſels Miſcellaneen artiſtiſchen Inhalts. Erfurt 1780. 4 Heft. S. 64. g) Reichs-Anzeiger 1791. Nr. 126.

Tugendlehre ſ. Sittenlehre.

Türkis iſt ein Himmelblauer, mit etwas weiß ver-
miſchter, harter, undurchſichtiger Edelſtein, der
den erſten Rang unter den undurchſichtigen behauptet. Die beſten ſind die perſiſchen; dann folgen
die ſpaniſchen und böhmiſchen Türkiſſe. Seit 100
Jahren hat man auch in Niederlanguedoc bey der
Stadt Simor Türkiſſe gefunden, die, wenn ſie aus
der Erde kommen, weiß oder gelblich, wie gemeine
Bruchſteine ſind, aber im Feuer ihre blaue Farbe
erhalten. Reaumür behauptete, daß es verſteiner-
te Thierknochen ſind, die etwas Gold enthalten.
Neuerlich hat aber Herr Agaphi, Aſtrachanſcher
Director der Nationalſchulen, auf ſeinen durch In-
dien und Perſien gethanen Reiſen die Türkiſſe in ihrem Muttergeſtein, in der Gegend von Piſchapur
oder Niſchapur in Chorofan angetroffen, und durch
überſchickte rohe und geſchliffene Proben dargethan,
daß der orientaliſche Türkis nicht aus mineraliſir-
ten Thierzähnen, ſondern, aus ordentlichen in einem Muttergeſtein eingeſchloſſenen Lagen, Nierchen
und Punkten beſteht, und mit dem Opal, Pech-
ſtein und Chryſopras einerley Verhalten und Erzeu-
gungsart hat, auch mit dieſen in eine Abtheilung
gehört a). Wenn ſie alt werden, werden ſie immer grüner und verlieren ihren Werth. Johann
Caſſia von Putra ſoll aus gegrabenem Elfenbein
Türkiſſe gemacht haben. Henkel verſuchte es auch,
brachte aber die Türkisfarbe nicht heraus. Kunkel

lehr-

lehrte, wie man die Türkisse durch Glas nachmachen könne b).

> a) Magazin für das Neueste aus der Physik. fortges. von Voigt. 1795. X. B. 1. St. S. 178. 179. b) Jacobson technol. Wörterb. IV. S. 461.

Türkisches Korn wurde aus der Türken zu uns gebracht, von der es auch seinen Namen hat.

> Jablonskie Allg. Lex. 1767. II. S. 1602.

Türkisches Papier wurde in Deutschland erfunden. Zu Ende des 16ten Jahrhunderts findet man schon sehr feines und schönes in Augsburg a); auch erfand man zu Augsburg das Verfahren, dergleichen Papier auf einem gefärbten Grunde nach Belieben mit goldenen Blumen zu malen; solches Papier wird von dem Orte seiner Erfindung Augsburger Papier genannt b). Gegen Ende des 17ten Jahrhunderts hatte man auch zu Augsburg gedrucktes, buntes Papier; man vermuthet, Johann Mieser (geb. 1676 gest. 1742) habe dieses Gewerbe zuerst nach Augsburg gebracht c).

> a) Kunst: Gewerb: und Handwerksgeschichte der Reichsstadt Augsburg. I. Th. 1779. und 257. b) Jablonskie Allgem. Lex. Leipzig. 1767. II. S. 1602. c) Kunst: Gewerb: und Handwerks: Geschichte der Reichsstadt Augsburg. I. Th. 1779. S. 250.

Türkisfarbe s. Knochen.

Tuisco oder **Thuiston** s. Gesetze, Philosophie, Schule.

Tull (Samuel) s. Fisch.

Tull s. Pflug, Säemaschine.

Tullo (Abel) f. Holometer.

Tullus Hostilius f. Gewitterableiter, Kleider, Rechtsgelehrsamkeit.

Tulpe, Tulipane, wächst in der Levante wild und
kam von da nach der europäischen Türkey und zwar
zuerst nach Konstantinopel.   Die früh blühenden
Arten der Tulpen kamen aus Cavala, einer Stadt
am östlichen Ufer von Macedonien, die spätblühen-
den Arten aber aus Caffa nach Konstantinopel.
Clusius hält indessen Gazaria oder die Krimm für
das Vaterland der Tulpen.   Wir erhielten diese
Blumen von den Türken, wie auch schon ihr Name
beweiset, der türkischen Ursprungs ist. Denn obgleich Europa das Vaterland der kleinen gelben Tulpen mit dem hängenden Kopfe ist, so hat man sie
doch lange nicht gekannt. Aus der Türkey kamen
die Tulpen zuerst nach Italien. Balbinus erzählt,
daß Busbeck zu Ende der Regierung Ferdinands I
(er regierte von 1556 bis 1564) die ersten Tulpen-
zwiebeln nach Prag gebracht habe und von da hätten sie sich über ganz Deutschland ausgebreitet. a).
Conrad Gesner meldet aber, daß er die erste schöne
morgenländische Tulpe im Jahr 1559 in dem Garten des Rathsherrn Johann Heinrich Herwart zu
Augsburg, der den Saamen dazu aus Konstantinopel, nach andern aus Kappadocien kommen ließ,
gesehen habe b). Auch lieferte Conrad Gesner
im 16ten Jahrhundert zuerst eine botanische Beschreibung und Abbildung der Tulpe c). Die Herren von Fugger zu Augsburg hatten im Jahr 1565
Tulpen in ihrem Garten. England erhielt zu Ende
des 16ten Jahrhunderts aus Wien die ersten Tul-
                                                    pen

penzwiebeln. In Provence hatte Herr von Pei-
reſc im Jahr 1611 die erſten Tulpen in ſeinem Garten. In Holland kam gegen 1634 der Tulipanen-
handel auf. Es wurde eine Art Actienhandel daraus, der aber plötzlich ein Ende nahm, da viele
dadurch verarmt waren.

a) Jablonſkie Allgem. Lex. Leipzig. 1767. II. S. 1604.
b) Kunſt- Gewerb- und Handwerksgeſchichte der
Reichsſtadt Augsburg. von Hr. Paul von Stetten
dem jüngern. 1779. I. Th. S. 122. II. Th. 1788.
S. 39. vergl. Beckmanns Beyträge zur Geſch. der
Erfindungen. c) Antipandora I. S. 432.

Tuneſtrick's Balſam. Im Sommer 1788 kam der
Engländer Tuneſtrick nach Neuwied und machte
mit einem von ihm ſelbſt erfundenen Balſam auffal-
lende Curen. Er ließ z. B. einem Schaafe 4 ſtarke
Nägel durch das Gehirn und durch die Schläfe
ſchlagen, goß dann auf alle Wunden etwas von ſeinem Balſam, worauf der Hammel gleich wieder
curirt war und mit Appetit fraß a). Dieß machte
Auffehen und man hielt anfangs dieſen Balſam für
ein großes Geheimniß. Die wahre Urſache, warum ſolche Wunden ſchnell und ohne Gefahr heilen,
lag aber nicht in dem Balſam, ſondern darinn, daß
das Gehirn wenig empfindlich iſt; es kann ohne
beträchtlichen Nachtheil verwundet, es können ſogar
ohne Lebensgefahr ganze Portionen deſſelben weggenommen werden. Tuneſtrick hätte alſo eben ſowohl etwas Branntwein oder gar nichts nehmen
können, und ſein Verſuch würde auch gelungen
ſeyn b). Auch iſt dieſes Kunſtſtück nicht neu;
Schwenter meldet ſchon in einer Schrift c) vom

L 3 Jahre

Jahre 1636 folgendes: „So man einer Henne den Kopf auf den Tiſch legt, ihr ein Meſſer recht mitten auf den Kopf ſetzt und mit einem Hammer ganz durch den Kopf ſchlägt, alſo, daß das Meſſer in dem Tiſche ſteckt, wird es der Henne nichts ſchaden, wenn nur das Meſſer geſchwind wieder aus dem Tiſche gezogen, der Henne aber der Schnabel geöfnet und ein Bröcklein Brod darein geſchoben wird. Hätte ich es nicht ſelber probirt, würde ich ſolches ſchwerlich zu glauben beweget worden ſeyn.„

Vom Jahr 1709 wird gemeldet, daß der Profeſſor Hofmann in Halle dergleichen Curen mit Rheinwein verrichtete d).

Daß zu Anfange dieſes Jahrhunderts ein ähnlicher Balſam bekannt war, erhellet aus einem Schreiben, welches D. Johann Kanold, Practicus vratislav. am 1ten Febr. 1710 an einen ſeiner Freunde in Danzig erließ, worinn es heißt:

„Uebrigens wird verhoffentlich dem Herrn Bruder bekannt ſeyn, daß verwichenes Jahr in der Hamburger Gazette von einem in Holland befindlichen ſonderbaren Wundſpiritus berichtet worden, daß ſelbiger die mit einem Nagel durch den Kopf geſchlagenen Hirner und andern Thiere, wie nicht weniger Darmſchnitt (ausgenommen Herz- und Blaſenwunden) völlig heilen ſoll, davon auch im Beyſeyn des Herzogs von Marlborough, auf der Jagd Peregrine, ein Experiment mit einem Huhn gemacht worden, ſo daß wegen der Fürtreflichkeit dieſes Spiritus der König in Frankreich dem Erfinder 150000 Piſtoletten, die Compoſition zu communiciren,

ciren, soll offerirt, dieser aber abgeschlagen haben.
Diesen Spiritus halte ich für einerley oder doch
wenigstens für gleich mit dem Dippelianischen Balsam, von welchem mir aus Halle gemeldet worden
ist, daß dieser daselbst von einem Schuster zu eben
diesem und dergl. Effect verkauft werde, so auch daher von denen damals in Sachsen liegenden Schweden, um selbigen in Verletzungen des menschlichen
Körpers mit Nutzen zu brauchen, häufig wäre gesucht und gekauft worden. Diesen Dippelianischen
oder zum wenigsten gleichförmigen Balsam hat ein
gewisser guter Freund und Medicus allhier auch bereitet und selbigen an verschiedenen Hunden, denen
ein starker Nagel durch den Kopf geschlagen worden,
gut und völlig kräftig befunden, und habe ich selbst
im Beyseyn Herrn D. G. hiesigen Stadt-Physici
und vieler andrer Aerzte und Freunde, das Experiment mit meinen Augen machen sehen, da z. E. einem Hunde dieser Nagel durchgeschlagen, hierauf
der Spiritus in der Wunde stark eingesprützt und
der Hund frey gelassen wurde, da er dann bald
wieder herumgelaufen und noch diesen Tag zu völli-
ger Gesundheit gekommen. Ja es ist zuweilen dem-
selbigen Hunde dieser Nagel zu verschiedenen Zeiten
mehr als einmal durchgeschlagen und die Wunde immer geheilt worden. Es ist aber dieser Spiritus
oder Balsam ein weißer, heller, säuerlicher Liquor,
welcher gar sehr nach der mit Eßig gemachten solu-
tione gummi ammoniaci zu riechen scheint. Dieses,
ob es zwar ganz unstreitig gewiß ist, so glaube ich
doch 1) nicht, daß auf gleiche Weise ein dergleichen Medicament gleichmäßige laesiones mit einer-

K 4   ley

ley Effect bey einem Menſchen heilen könne ; 2) daß auch oftmals, ohne allen Gebrauch der Medicamente, oder zum wenigſten von einem andern ſpirituöſen Licuor, dergleichen Wirkung bey Thieren würde zu erwarten ſeyn, e).

Auch der Herr Commiſſionsrath Riem in Dresden hat es beſtätiget, daß nicht der Tuneſtrickſche Balſam, ſondern die Natur jene Wunder in Heilung der Gehirnwunden thut, denn der Schäfer Heyde in Döhlen, bey Dresden, durchſtach den Schaafen und Schöpfen das Gehirn 6 bis 12 mal, wuſch darn die Wunde mit Eßig oder lauem Waſſer aus und die Schaafe liefen dann ohne weitere Pflege davon f).

Herr Anton Heinrich von Beulwitz, Herz. Sachſen-Hildburghäuſiſcher Oberforſtmeiſter, nachher wohnhaft in Maſſenbach, im Ritter-Canton Graichgau bey Heilbronn am Neckar, verrichtete mit einem von ihm erfundenen Wundbalſam faſt eben die Kuren, die Tuneſtrick mit dem ſeinigen verrichtete. Herr von Beulwitz gab die Beſchreibung ſeines Wundbalſams 1790 heraus und machte 1795 bekannt, daß er den Tuneſtrickiſchen Balſam nicht kenne, daß aber ſein von ihm erfundener Balſam mit Nußen bey der Preußiſchen Armee am Rhein gebraucht worden ſey g).

a) Reichs-Anzeiger. 1794. Nr. 105. S. 1001. folg. b) Ebendaſ. 1795. Nr. 45. S. 430. c) M. Daniel Schwenteri Deliciae phyſico-mathematicae. Norinb. 1636. 1. B. S. 562. d) Acta Eruditorum. 1709. Menſ. Febr. S. 86. e) Reichs-Anzeiger. 1794. Nr. 139. S. 1326. f) Ebendaſ. 1794. N. 153.
S.

S. 1457. g) Ebendaf. 1794. Nr. 105. S. 1001 folg. Ebendaf. 1795. Nr. 43. S. 411. folg.

Tungstein, Schwerstein vergl. Säure.

Tunquin f. Schiff.

Turban. Die besondern unterscheidenden Turbane führte Solyman I ein.

Erlanger gel. Zeitung. 1791. 43. St. S. 683.

Turet f. Sackuhr.

Turin (Graf von) f. Treibhaus.

Turiner Kerzen f. Phosphorus.

Turmalin, Trip, Aschenzieher, Aschentrecker, ist ein harter, halbdurchsichtiger, gewöhnlich dunkelbrauner, inwendig glänzender Stein, mit muschlichtem Bruche, der die besondere Eigenschaft hat, durch Erwärmung und Erkältung nach gewissen eignen Gesetzen stark elektrisch zu werden.

Die Alten kannten schon Steine, welche erwärmt oder gerieben leichte Körper anziehen, dahin gehörten das Lyncurium des Theophrast a), der Theamedes, der das Eisen abstoßen soll b), und ein Carbunculus, der von der Sonne erwärmt oder mit den Fingern gerieben, Spreu und Papierspäne anziehen soll c). Auch der Araber Serapion gedenkt eines Steins, der aus dem Orient kommt und, an den Haaren gerieben, Spreu anziehe; der Beschreibung nach gehörte dieser Stein zu den Hyacinthen. Ob einer von diesen Steinen der jetzige Turmalin gewesen sey, ist nicht entschieden.

Die erste Nachricht vom jetzigen Turmalin fand Herr Hofrath Beckmann in einer Schrift von 1707

K 5　　　d),

d); deren Verfasser meldet, ihm sey vom Herrn Daumius, Stabs=Medicus bey der kön. Poln. und Churf. Sächs. an Rhein stehenden Miliz erzählt worden, daß die Holländer im Jahr 1703 aus Zeylon zum erstenmal einen Edelstein, Turmalin genannt, nach Holland gebracht hätten, der die Eigenschaft habe, daß er die Torfasche auf der heißen und glühenden Torfkohle nicht allein an sich ziehe, sondern auch solche Asche zur gleichen Zeit wieder von sich stoße, daher die Holländer diesen Stein Aschentrecker genannt hätten; die Farbe sey Pommeranzenroth mit Feuerfarbe erhöht. Auch wird in dem Verzeichnisse der 1711 zu Leyden verkauften Naturaliensammlung des berühmten Botanikers Paul Hermann ein zeylonischer Turmalin genannt e). Lemery zeigte der pariser Akademie i. J. 1717 einen Turmalin aus Zeylon und hielt die Wirkung desselben für magnetisch f). In Hübners Naturlexikon findet sich der Artikel Trip schon in der Ausgabe von 1727 und die Vermehrungen dieses Artikels in der Ausgabe von 1741 beweisen, daß schon damals deutsche Naturforscher mit diesem Steine Versuche gemacht haben müssen. Linné hatte 1747 noch keinen Turmalin gesehen, muthmaßete aber schon damals zuerst, daß die Wirkungen dieses Steins von der Electricität herrührten g). Aepinus und Wilke brachten bey ihren zu Berlin angestellten Untersuchungen über die entgegengesetzten Electricitäten diese Muthmaßung zur völligen Gewißheit und entdeckten die besonderen Gesetze der Electricität des Turmalins, welche Aepinus 1756 zuerst entdeckte h). Um eben diese Zeit machte der

Her-

Herzog von Noya Caraffa Versuche über den Turmalin und nahm die Electricitäten beyder Seiten
nicht für entgegengesetzt, sondern nur eine für stärker, als die andere, an; übrigens bestätigte er
die von Aepinus angegebenen Gesetze und bestimmte
die Weiten, in welchen verschiedene leichte Körper
angezogen wurden, in einer Tabelle i).

Die Engländer erhielten die ersten Turmaline
aus Holland, durch Herrn Heberden. Wilson behauptete wider Aepinus, daß ein auf beyden Seiten ungleich erhitzter Turmalin allezeit an beyden
Seiten diejenige Electricität zeige, die der stärker
erhitzten Seite zugehöre. Auch entdeckte Wilson,
daß die Pole des Turmalins in gerader Linie mit
dem Mittelpunkte des Steins, in der Richtung seiner Blätter oder Streifen, liegen; daß ferner der
Turmalin, wenn er auch mit einer nichtleitenden
Substanz, als Siegellack, Oel u. s. w. überzogen
wird, doch mehrentheils auch unter dieser Beklei-
dung noch die von ihm bekannten Erscheinungen
zeigt k). Canton entdeckte zuerst, daß der Turmalin die electrischen Erscheinungen nicht in so fern
zeigt, als er heiß oder kalt ist, sondern in so fern
sich seine Wärme oder Kälte ändert l). Canton
und Wilke sahen auch Licht bey den electrischen Erscheinungen des Turmalins, Wilke brachte sogar
knisternde Funken hervor.

Bergmann, Rinmann und Gerhard fanden,
daß der Turmalin eine Gattung der Schörle, aber
härter als der Stangenschörl sey. Man findet den
Turmalin auch in Brasilien, Kastilien, Isle de
Fran-

F'rance, Grönland, Norwegen, Schweden und Siberien. In Deutschland fand man ihn zuerst gegen 1779 in Tyrol, dann im sächsischen Erzgebürge. Sauffure und Girtanner fanden auch Turmaline in der Schweiz.

Canton entdeckte die dem Turmalin zugehörigen Eigenschaften 1760 zuerst an dem brasilianischen Topas, und Wilson entdeckte sie auch an gelben und rothen Edelsteinen, auch an grünen Edelsteinen von Südamerika m).

a) Theophrast de lapidibus. edit. Heinsii Lugd. Bat. 1613. p. 395. b) Plin. Lib. 36. c. 16. c) Plin. Lib. 37, 7. d) Curiöse Speculationes bey schlaflosen Nächten, von einem Liebhaber, der immer gern speculirt. Chemnitz und Leipzig. 1707. e) Catalogus musei indici collecti a P. Hermanno. Lugd. Bat. p. 30. f) Musschenbrock Diss. de Magnete Lugd. Bat. 1729. 4. in praefat. g) Linnei Zeylonica. Flora Holm. 1747. 8. p. 8. h) Mem. de l'Acad. de Berlin. 1756. p. 110. i) Nova Caraffa Lettre sur la Turmaline à Mr. de Buffon. 1759. 4. k) Philos. Transact. Vol. LI. P. I. p. 308. l) Ibid. Vol. L. II. P. II. p. 443. m) Gehler physikal. Wörterbuch. III. Th. S. 400 ‒ 406.

Turnauer Glascomposition oder Steincomposition.

Kayser Rudolph II ließ in Böhmen allenthalben Edelsteine suchen und gab sogar einem Pfarrer zu Rowensko, einem Städtchen zwey Stunden von Turnau, eine besondere Vollmacht dazu, am Riesengebirge Edelsteine zu suchen. Die Steinschneider, die damals ihren Sitz besonders nur in Italien hatten, wollten sich dieses wegen seiner Reichthümer ausgeschlieenen Riesengebirgs versichern

und

und schickten einen ihrer Factoren, der durch listige Streiche und Spukereyen alle Menschen von sich verscheuchte, woher wohl das Mährchen vom Rübezahl in den dasigen Gegenden entstanden seyn mag. Hernach wanderten die italienischen Steinschneider aus Italien aus, daher sie auch keine Factoren mehr aufs Riesengebirge schicken konnten. Einige von diesen Künstlern kamen zu Rudolphs Zeit nach Böhmen und liessen sich am Fuße des Riesengebirgs in der Stadt Turnau nieder. Bald wurden aber die ächten Edelsteine weniger gesucht, weil die Venetianer Glasflüsse erfanden, die schwer von ächten Edelsteinen zu unterscheiden und doch wohlfeiler waren. Dieß nöthigte die Turnauer Steinschneider vom Schleifen ächter Edelsteine größtentheils abzugeben, und dafür venetianische Glasflüsse zu bearbeiten. Für diesen rohen Glasfluß gieng aber viel baares Geld fort und man wußte auch, dem Glasflusse nicht alle Farben ächter Edelsteine zu geben. Die Turnauer Steinschneider entschlossen sich also, entweder einen venetianischen Glasflußbrenner nach Turnau zu locken, oder dessen Verfertigung den Venetianern abzukaufen oder abzulauschen. Es begaben sich daher zwey Brüder, Namens Fischer, nach Italien, die aber ihre Absicht nicht erreichten. Doch brachten sie einige chemische Begriffe mit nach Hause, welche sie zum Laboriren ermunterten und mit der Natur des Kieses bekannter machten. Auf diese Art leitete sie der Zufall auf die Erfindung einer Composition, welche sich vom Glase und Fluß unterschied und die unter dem Namen Turnauer Glas- oder Steincomposition bekannt ist. Es ist

eine

eine weiſſe durchſichtige Steincompoſition, welche die Gebrüder Fiſcher in Turnau zuerſt aus einer Miſchung von Kießmehl, Mennig, Arſenik und Galliter brannten, welcher Steinmaſſe ſie hernach durch Zuſätze von Metallen die Hauptfarbe gaben. Die Turnauer Steinſchneider konnten nun nicht genug ſolche Waare liefern, weil jeder Stein, ehe er geſchliffen werden konnte, erſt abgezimmert werden mußte, welches viel Zeit erforderte. Dieſen Zeitverluſt zu erſparen, glühte man die Compoſition noch einmal in beſondern kleinen Oefen, wo die Steincompoſition zu langen Stangen gezogen wurde, die man dann in kleine Stückchen zerſchlug. Dadurch wurde ſchon Zeit erſpart, indeſſen mußten dieſe Stückchen doch erſt vor dem Schleifen noch abgezimmert werden. Um dieſen Zeitverluſt zu erſparen, glühte man daher jene Stangen zu wiederholtenmalen und wenn die Maſſe zum Theil in Fluß kam, zwickte man ſie mit einer Zange gleich ſo groß und nach der Art, wie der künftige Stein geſchliffen werden ſollte. So konnte man in einer Stunde 100 Dutzend ſolcher Knöpfe durch den Druck der Zange erhalten.

Journal für Fabrik, Manufactur, Handlung und Mode. 1793. October S. 207.

Turniere waren Kampfſpiele oder Scheintreffen, in welchen der Adel ſeine Geſchicklichkeit in den Waffen zeigte und ſich dadurch zu wirklichen Treffen vorbereitete. Es gab zweyerley Arten der Turniere, einige nannte man Schimpf=Turniere, die blos zur Luſt gehalten wurden, andere aber Turniere zum Ernſt, in denen man auf Tod und Leben käm-

kämpfte. Die letztere Gattung wurde auf der late-
ranischen Kirchenversammlung 1139 verboten. Die
Art des Kampfs bestand entweder im Rennen und
Stechen, welches mit der Lanze geschah und zwar
theils nur zum Vergnügen, theils aber auch auf
Leben und Tod, in welchem Falle es ein Scharf-
rennen genannt wurde, dergleichen Seyfried von
Venningen und ein gewisser von Rechberg im Jahr
1433 zu Speyer hielten, wo beyde Kämpfer viermal gegen einander ritten, bis Rechberg, tödtlich
verwundet samt seinem Pferde fiel und Venningen
den Sieg behielt; oder der Kampf bestand im Turnieren oder im Streite mit Kolben und Schwerd;
geschah dieses zur Lust, so hieben sich die Ritter
nur nach den Kleinodien, geschah es zum Ernst, so
suchte einer den andern zu erlegen. Beydes, sowohl die Schimpf-Turniere, als auch die Turniere
zum Ernst geschahen im hohen Gezeug.

Die Turniere dienten zu einem angenehmen
Zeitvertreibe, man verließ alles und verkaufte, was
man hatte, um nur an ihnen Theil nehmen zu können. Ein Edelmann, der sich nicht in diesen Spielen auszeichnete, ward wenig geachtet, und der
beste Beweis seines Adels war der, in den Turnieren mitgekämpft zu haben. Die Jugend betrachtete
diese Spiele als eine anständige Schule, sich zum
Kriegsdienste zu bilden, der Mann, als eine Gelegenheit, seine Geschicklichkeit zu zeigen, und der
Verliebte als ein Mittel, sich die Hochachtung seiner Gebieterin zu erwerben. Man stellte die Turniere hauptsächlich dem schönen Geschlechte zu Ehren

ren an, daher auch die Damen nichts sehnlicher,
als diese Spiele, erwarteten, nicht blos, weil sie
ihnen wegen ihrer Pracht ein Vergnügen machten,
sondern vielmehr deswegen, weil sie selbst dabey in
großer Pracht erscheinen konnten, die Königinnen
des Fests waren, die Ehre des Vorsitzes dabey ge-
noßen, den Preis austheilten und einen jungen Ritter mit ihrer Liebe beglücken konnten. Die Ritter
hatten hier eine Gelegenheit sich in prachtvoller Rüstung vor den tapfersten Männern und schönsten
Weibern zu zeigen, und die Hofnung den Dank des
Turniers zu erringen und zugleich einen Kuß von der
schönen Geberin zu erhalten, belebte ihren Muth
mit neuem Feuer. Um nun an den Turnieren Theil
nehmen zu dürfen, bemühte sich jeder Ritter, sich
außer den Gesetzen der Ritterschaft, als Religion,
Tapferkeit, Rechtschaffenheit und Liebe, auch noch
den Turniergesetzen gemäß zu betragen, wodurch
der Adel selbst verfeinert wurde.

Vom Ursprunge der Turniere überhaupt.

Da die Turniere ludus Trojae, ludi equestres,
hastiludia genannt werden, so hat man daraus
schließen wollen, daß die Turniere schon den Tro-
janern bekannt gewesen wären. Besonders hat
man ihren Ursprung und Namen von den trojani-
schen Spielen ableiten wollen, welche Aeneas, seinem verstorbenen Vater Anchises zu Ehren, in Sicilien anstellte, in welchen die jungen Trojaner
Wettrennen und Kämpfe anstellten a); auch gedenkt Virgil eines Streits zu Fuß, den die trojani-
schen Helden anstellten. Andere haben die Turniere
für

für eine Nachahmung der olympischen Spiele der Griechen gehalten, weil die letztern sowohl, als die Spiele der Griechen in ihren Gymnasien, einige Aehnlichkeit mit den Turnieren hatten. In der Nachricht, daß der Lacedämonische König Agesilaus denjenigen Rittern, die am schönsten gerüstet waren und sich in den Vorübungen zum Kriege am besten hielten, ansehnliche Geschenke gab, hat man eine Aehnlichkeit mit dem Dank der Turniere finden wollen b). Bey den Spielen der Römer wurden die, welche um den Preis stritten, sogar in vier Factionen eingetheilt, welches mit den Quadrillen der Turniere einige Aehnlichkeit hat. Man sieht hieraus, daß zwar bey vielen alten Völkern ähnliche Spiele üblich waren, aber die eigentlichen Turniere sind erst in späteren Zeiten zu suchen c).

Angebliche Erfinder der Turniere.

Wenn die Geschichte des brittischen Königes Arthurus oder Arthus, der von 516 bis 542 regierte, und des von ihm gestifteten Ritterordens von der runden Tafel ihre Richtigkeit hätte: so wären die ersten Turniere in England zu Anfange des sechsten Jahrhunderts, am Hofe des Königes Arthur gehalten worden d); allein die Geschichte dieses Königs ist zu fabelhaft, daher man nichts für das Daseyn der Turniere daraus folgern kann. Die Engländer sollen die Turniere erst im zwölften Jahrhundert und zwar unter den Königen Stephan und Heinrich II, welcher letztere 1166 starb, kennen gelernt haben, wie denn auch ihre Turniergesetze

erst von Richard I nach den deutschen Turniergesetzen eingerichtet wurden e).

Der Herr Abt Velly, in seiner Geschichte von
Frankreich, will daraus, daß die Turniere von den
Ausländern französische Gefechte, oder Gefechte
nach französischer Manier genannt wurden, die Folge ziehen, daß den Franzosen allein die Ehre der ersten Anordnung derselben gebühre; besonders eignen Du Fresne f) und der Abt Choisi g) ihre Erfindung dem Gottfried von Previlly zu; auch Rüxner
erzählt, daß dieser Gottfried von Previlly oder Preuilli
auf Befehl des französischen Königs Philipps I die
Turniergesetze Heinrichs I ins Französische übersetzt
habe. Allein, des Widerspruchs nicht zu gedenken, der sich im Todesjahr des Gottfrieds von Previlly findet, der, wie Du Fresne aus dem Chronic.
Turonens. behauptet, im J. 1066 ermordet worden
seyn soll, da doch das Chronic. S. Martini Turon.
das Todesjahr desselben später setzt. h): so erhellet
auch aus Rüxners Erzählung, daß die Turniere
schon unter Kayser Heinrich I, also lange vor dem
Gottfried von Previlly, vorhanden gewesen sind.
Einige Gelehrte behaupten blos, daß Gottfried von
Previlly die bey diesen Spielen zu beobachtende Gesetze in bessere Ordnung gebracht, vielleicht auch einige neue Gebräuche hinzugethan habe, die die Turniere vollkommener machten, welches vielleicht Gelegenheit gab, dem Gottfried von Previlly die Stif-
tung dieser Spiele zuzuschreiben. Auch ist es wohl
nicht zu leugnen, daß die Deutschen viele Turnier-
gebräuche, so wie andere Eigenheiten des Ritter-
wesens von den Franzosen erhielten, besonders die
Wap-

Wappen, welche wohl unleugbar eher bey ihnen, als bey uns im Gebrauch waren, daher andere französische Schriftsteller die Sache auch nur dahin deuten, daß Gottfried von Previlly den Turnieren erst die rechte Einrichtung gegeben habe.

Brunner i) meldet, das erste Turnier sey von den Herzogen in Schwaben i. J. 1127 zu Nürnberg unter dem Kayser Lothar II gehalten worden, aber Bünding k) erzählt, daß Lothar II schon 1119 zu Göttingen ein Turnier gehalten habe, wiewohl Lotharius damals noch nicht Kayser war. Auch setzt Rüxner das erste Turnier zu Nürnberg später, nemlich ins Jahr 1177 unter Kayser Heinrich VI, der aber damals noch nicht Kayser war, daher glaubt Praun, das erste Turnier zu Nürnberg sey 1190 unter Kayser Heinrich VI gehalten worden. Indessen müssen die Turniere in Deutschland viel älter seyn, da schon Ulrich von Lichtenstein, der unter dem Kayser Friedrich I (reg. von 1152-1190) gelebt haben soll, sich in einem Gedichte über den Mißbrauch der Turniere beklagt.

Pancirollus k) eignet den Ursprung der Turniere dem griechischen Kayser Emanuel Komnenus in Konstantinopel zu, der von 1143 bis 1180 regierte; man sieht aber aus dem vorigen, daß die Turniere in andern Ländern viel früher üblich waren, auch behaupten andere, daß erst der griechische Kayser Andronicus der jüngere im Jahr 1326 das erste Turnier zu Konstantinopel gehalten habe, da ihm seine Braut, die Prinzessin des Herzogs Amadeus von Savoyen, zugeführt wurde. Die Savoyi-

schen

schen und französischen Edelleute, welche die Braut nach Konstantinopel begleiteten, stellten dieses Turnier an.

Von den Turnieren in Deutschland.

Aus der Liebe, welche die Deutschen von den ältesten Zeiten her für den Krieg und Streit hatten, vermuthet man mit Grund, daß die Deutschen früher, als jede andere Nation, kriegerische Uebungen unter sich hatten, um sich dadurch zum Kampf und zur Fehde vorzubereiten, und dazu dienten die Turniere. Daher schreibt auch selbst ein Franzose, Meneſtrier, den Deutschen die Erfindung der Turniere zu l). Die Ehre der Erfindung der Turniere in Deutschland gehört dem Ritterſtand, der sich enger verband, sich es zum Geſetz machte, rechtschaffen zu handeln und den unschuldig Unterdrückten beyzuſtehen. Um ein Ritter zu werden, mußte der junge Edle erst sieben Jahre in der väterlichen Burg unter der Aufsicht des Frauenzimmers, dann sieben Jahre Edelknabe, Bube, oder wie man die Edelknaben aus dem hohen Adel im 13ten und 14ten Jahrhundert nannte, Junkherr oder Junker, und endlich sieben Jahre Knappe oder Waffenträger eines Fürsten oder berühmten Ritters gewesen seyn. Hatte er sich in dieser Zeit durch Treue, Rechtschaffenheit und Tapferkeit ausgezeichnet: so wurde er für würdig gehalten bey vorkommender Gelegenheit, unter den gewöhnlichen Feyerlichkeiten, die Ritterwürde zu erlangen, wobey er angeloben mußte, sein Schwerd zum Schutz und Dienst der Religion und ihrer Diener, seiner Mitbrüder und vorzüglich der

Witt-

Wittwen, Waysen und verfolgten Damen zu gebrauchen. Hatten die Ritter keine Gelegenheit hierzu und hatten sie keine Fehde zu befürchten: so
wallfahrteten sie ins gelobte Land, oder zogen als
Abendtheurer durch Deutschland und die benachbarten Reiche oder besuchten Turniere. Letztere waren
ein für den Ritter- und Adelstand ausschließliches
Vergnügen, welches Könige, Fürsten, Grafen
und Dynasten bey feyerlichen Gelegenheiten anstellten, um ihre Gäste zu unterhalten, vorzüglich aber
dem männlichen Geschlechte Gelegenheit zu geben,
sich im Kampf zu üben, sich auf den Krieg vorzubereiten und die für den Sieger bestimmte Belohnung zu erringen.

Aus einer Stelle des Procopius m), der im
Jahr 560 lebte, erhellet, daß den Turnieren ähnliche Ritterspiele sowohl unter den Franken als auch
unter andern Völkern üblich waren, wobey auch eine goldene Medaille, die bey den Franken mit dem
Bilde des fränkischen Königs, bey den Deutschen
aber mit dem Bilde des römischen Kaysers geziert
war, ausgetheilt wurde. Die Worte des Procopius sind folgende: ad certaminis equestris specta-
culum aureum nummum nativo metallo bi (Fran-
corum reges) cudunt, non romani imperatoris, ut
caeteri solent, imagine, sed sua impressa. Dieses
ist wahrscheinlich die älteste sichere Spur Turnier-
ähnlicher Spiele. Die zweyte findet man beym
Nithardus n), der im neunten Jahrhundert, an
dem Hofe Ludwigs des Frommen (regierte von 816
bis 840) lebte und von den Söhnen Ludwigs des

L 3   From-

Frommen, nemlich von Karl dem Kahlen und Ludwig dem Deutschen meldet, daß sie bey ihrer Zusammenkunft in Straßburg und auch in Worms kriegerische Spiele anstellten, um den jungen Adel in den Waffen zu üben. Nithardus schreibt nemlich von ihnen folgendes: Ludos etiam hoc ordine saepe exercitii causa frequentabant. Conveniebant autem quocunque congruum spectaculo videbatur, et subsistente hinc inde omni multitudine, primum pari numero Saxonum, Wasconorum, Austrasiorum, Brittannorum ex utraque parte velut invicem adversari sibi vellent, alter in alterum veloci cursu ruebat. Hinc pars terga versa protecti umbonibus ad socios insectantes evadere velle se simulabant. At versa vice iterum illos, quos fugiebant, persequi studebant, donec novissime utrique reges cum omni juventute ingenti clamore equis emissis hastilia crispantes exiliunt et nunc his, nunc illis terga dantibus insistunt. In diesen Kriegsspielen erblickt man den Keim der Turniere sehr deutlich, der nur erst später entwickelt wurde o).

Die ersten den nachher so genannten Turnieren am nächsten kommenden Kriegsspiele verdanken wir dem König Heinrich dem ersten aus dem sächsischen Hause, der auch unter dem Namen Kayser Heinrich I der Vogelsteller bekannt ist, welcher zuerst gewisse Feyerlichkeiten bey diesen Spielen einführte, die vorher nicht gewöhnlich waren, und sie vorzüglich deswegen anstellte, um die junge Mannschaft in den Waffen zu üben und sich ihrer desto besser wider die Hunnen bedienen zu können.

Witi-

Witichind sagt in seinen Annalen von Heinrich I: in exercitiis quoque ludi tanta eminentia superabat omnes, ut terrorem caeteris ostentaret, und anderswo sagt er: Henricus militem habebat equestri proelio probatum. Kreßlus schreibt dem Heinrich I besonders die Einführung der Turniere in Großdeutschland zu q); Pontanus r) eignet ihm gar die Erfindung der Turniere zu, welches auch viele andere Schriftsteller thun. Das erste Turnier soll Kayser Heinrich I im Jahr 930 bey der Vermählung seines Sohnes Otto, das zweyte aber i. J. 936, nach dem Siege über die Hunnen, zu Magdeburg gehalten haben s). Bey diesem Turniere sollen sich, wie Georg Rüxner in seinem Turnierbuche meldet, welches zuerst 1530 erschien, 974 deutsche Ritter mit Schilden und Helmen eingefunden haben. Auch theilt Rüxner eine Turnierordnung vom Kayser Heinrich I mit, welche sein Rath habe abfassen müssen, weil er sagte, er habe mehrere Turniere gesehen und davon gelesen, welche vor Jahren in Brittannia, Gallia und England gehalten wurden. Wenn dieses wahr ist: so sind die Turniere älter und Heinrich I gab ihnen blos eine regelmäßigere Form. In der Turnierordnung oder in den Turniergesetzen wurde theils bestimmt, wer vom Turnier ausgeschlossen seyn sollte, theils wie man sich beym Turnier zu verhalten habe. Sie schränkten auch den Luxus der Damen ein, damit die Frauen der ärmeren Ritter auch mit bey den Turnieren erscheinen konnten. Godefroy de Previlly mußte auch diese Turniergesetze Heinrichs I, auf Befehl des französischen Königes Philipp I ins

L 4   Fran-

Französische übersetzen. Praun hält aber die von
Rüxner mitgetheilten Turniergesetze Heinrichs I für
untergeschoben, weil Rüxner keinen Beweis aus
gleichzeitigen Schriftstellern für sie anführen kann.
Wahrscheinlich ists indessen, daß Heinrich I für
seine Kriegsspiele gewisse Regeln und Gesetze gab,
daß aber, wie Rüxner behauptet, die jetzt vorhan-
denen Turnierartikel von ihm herkommen sollten,
ist unwahrscheinlich, denn ihrer Schreibart nach
müssen diese erst später gefertiget worden seyn. Gewiß hat man aber bey Abfassung derselben auch die
älteren Gesetze Heinrichs mit zum Grunde gelegt.

Das dritte Turnier wurde im Jahr 948 zu
Kostnitz am Bodensee, das vierte von dem Marggraf Ridaczer zu Meissen i. J. 966 zu Merseburg,
das fünfte von dem Marggraf Ludolf zu Sachsen
i. J. 996 zu Braunschweig, das neunte von dem
Ludolf, Herzog zu Sachsen i. J. 1119 zu Göttingen gehalten.

Die Zeugnisse, die Vossius t) für das Daseyn
der Turniere in Deutschland anführt, sind aus dem
zwölften Jahrhundert.

Der Name Turnier kommt von dem alten Cel-
tischen Wort Dorna her, welches so viel als käm-
pfen oder streiten bedeutet; und in der Mitte des
12ten Jahrhunderts wurde das Wort Turnier in
Deutschland als ein neues, zuvor ganz unbekann-
tes, Wort angesehen, wie einige Stellen gleichzei-
tiger Schriftsteller bezeugen u). Der Name Turnier kam also erst lange nach Heinrich I auf, obgleich die Spiele selbst zu seiner Zeit bekannt waren.

Die

Die Turniere selbst wurden hauptsächlich bey feyerlichen Reichs- und Hoflagern, bey Vermählungen, bey wichtigen Ritterschlägen, bey Besuchen der Großen, bey Belehnungen, selbst bey Comitien und Synoden angestellt. Nicht nur Ritter und Edle, sondern auch der hohe Adel, selbst Fürsten und Könige kämpften mit, wie man von Carl IV und Maximilian I weiß v). Da die Turniergesetze zur Beschützung der Unterdrückten, zur Gerechtigkeit und Großmuth aufforderten und die Turniere selbst eine immerwährende Kriegsübung für die Ritter, eine Kriegsschule für den jungen Adel waren: so fanden Könige und Kayser diese Spiele ihrer Aufmerksamkeit würdig. Ueber dieses gaben die Turniere zur Verbesserung der Rüstungen, der Waffen und zur Ausbildung der Geschlechtswappen Gelegenheit. Der Ritter mußte, zum Beweise der Turnierfähigkeit seiner Familie, nur den von seinen Ahnen, die auch Turniere besucht hatten, geerbten Helm, mit den Helmzierrathen und Kleinodien, bey der Wappenschau aufstellen. Denn damit die ganz in stählerne Rüstungen verhüllte Ritter sich von einander unterscheiden konnten, ließen sie ihre Schilde mit gewissen Figuren bezeichnen, aber andere von Metall gefertigte Zeichen steckten sie auf ihren Helm. Die Zeichen auf dem Schilde führte bald eine ganze Familie gemeinschaftlich, aber durch die Zeichen auf dem Helm unterschieden sich die verschiedenen Linien derselben, und bald wurden diese anfangs willkührliche Zeichen für eine Familie ausschließend üblich und der stärkste Beweis des alten Adels w). Wer seine Turnierfähigkeit nicht durch

L 5   Schild

Schild und Helm beweisen konnte, mußte sie wenigstens durch Zeugen oder Briefe darthun. Daher ließ sich nach dem Turniere ein jeder, der turniert hatte, einschreiben und bekam einen Turnier-
brief, womit er beweisen konnte, daß er nicht von
unreinem Adel, sondern turnierfähig sey. x). Vom
Jahr 1122 hat man schon ein solches Turnierregi-
ster von Zürch y).

Im Jahr 1139 verbot der Pabst Innocentius
auf einer Kirchenversammlung die Turniere und ver-
weigerte denen, die dabey ums Leben kamen, ein
ehrliches Begräbniß, welches letztere erst Pabst
Johann XXII, auf Bitte des Königs von Frankreich, Philipp, widerrief. Aber ohngeachtet dieses Verbots hatten die Turniere ihren Fortgang
und gaben Gelegenheit, daß sich die Ritterschaft einer kleinern oder größern Provinz, einer Gegend
oder eines ganzen Landes, in eine besondere Gesellschaft verband, die unter ihrem Hauptmann in den
Turnieren gegen eine andere Gesellschaft kämpfte.
Jede dieser Gesellschaften hatte ihren eignen Namen,
nach dem Zeichen, welches sie in ihrer Fahne führte. Vielleicht bildete sich schon zu Ende des zwölften Jahrhunderts, unter kayserlicher Begünstigung,
eine große Verbindung des ganzen deutschen Adels,
nur den Sächsischen ausgenommen. Die Mitglieder dieser Gesellschaft wurden die Ritterschaft der
Vierlande genannt. Rüxner behauptet wenigstens,
daß die Gesellschaft der Vier-Landen schon auf dem
Turnier zu Göttingen 1119 vorhanden gewesen sey,
obgleich sein Beweis nicht von allen für giltig an-
                                            genom-

genommen wird; denn Praun meynt, daß die
Turniergesellschaft in den Vierlanden erst unter Kayser Conrad III oder, wie ihm noch wahrscheinlicher
ist, unter Heinrich VI aus dem Schwäbischen
Stamme, auf dem Turnier zu Nürnberg 1190 entstanden sey, wobey keine sächsische Ritter, wegen
des Streits zwischen ihrem Fürsten und dem schwäbischen Kayserhause, zugegen waren, und durch einen Zufall sey dieses in der Folge unter Philipp,
wo die Sachsen es mit dem Gegenkayser Otto VI
hielten, noch mehr befestiget worden z). Andere
sagen mit mehrerer Wahrscheinlichkeit, die Ursache
sey folgende gewesen: im Jahr 1174 war der
Sohn des Marggrafen Friedrichs von Meißen,
nemlich Conrad, auf dem Turniere mit einer Lanze
erstochen worden. Der Erzbischof von Magdeburg
versagte dem Getödteten das Begräbniß in gewey-
heter Erde und hob dieses Verbot nicht eher auf,
bis der Marggraf Friedrich, seine Söhne und eine
Menge sächsischer Grafen, Ritter und Edlen dem
Erzbischof zu Fuße fielen und ihm versprachen, kein
Turnier mehr zu besuchen oder selbst anzustellen aa).

Es ist schon erinnert worden, daß die Ritterschaft der Vier = Lande aus vier einzelnen Gesellschaften bestand, nemlich aus den Rheinischen, Fränkischen, Schwäbischen und Bayerischen Rittern und
Edlen, wovon jede Gesellschaft ihren obersten Landes = Turniervoigt oder König hatte, die ihr Amt
vom Kayser zu Lehn trugen. Sie ließen auch die
Fürsten der Vier Lande, hatten noch vier Unter-
Turniervoigte neben sich und wurden allemal bey
Endi-

Endigung eines Turniers für das künftige gewählt.
Diese ganze Ritterschaft stellte wechselsweise, jede
in ihrer Provinz, meistens an bestimmten Orten,
Turniere an.

Als die Turniere allgemein beliebt wurden,
machte man gewisse Gesetze, die unter dem Namen
der zwölf alten Turnier-Artikel noch jetzt bekannt
sind bb) und worinn bestimmt wurde, wer nach seinem Stande und nach seiner Abkunft, wie auch
nach seiner Lebensart und Aufführung am Turnier
Theil nehmen durfte. Nur der ursprünglich freye
Deutsche, er mochte nun von hohem oder niederem
Adel seyn, durfte turnieren und hieß daher Ritterbürtig. Nach dem zwölften Artikel wurde jeder
vom Turnier ausgeschlossen, der nicht Ritterbürtig
war und vier ebenbürtige Ahnen beweisen konnte.
Hieraus läßt sich zugleich auf das Alter der Turnier-
Artikel schließen. Erst das Aufkommen des neuen
Adels oder des Brief-Adels machte die zuvor ganz
unbekannte Ahnenprobe nöthig, indem der alte Erb-
Adel einen Vorzug vor dem neuen Adel haben wollte. Nun ist der älteste bis jetzt bekannte Adelsbrief
von Friedrich II cc), daher es sehr wahrscheinlich
ist, daß das Alter unsrer Turnier-Artikel jene Zeiten nicht übersteigt.

Im Jahr 1481 wurde auf dem Rittertag zu
Heydelberg eine Turnierordnung gemacht, in welcher man verordnete, daß kein Adelicher, der in
Städten verbürgert war und sich gemeine Auflagen
gefallen ließ, turniren solle, wenn er nicht zuvor
seiner Bürgerschaft abgesagt habe; auch sollte keiner

ner mehr, der vier Ahnen habe, wenn nicht feine Vorfahren schon turniert hätten, auf dem Turnier erscheinen, welches Gesetz vielleicht mit eine Veranlassung wurde, daß sich die Turniere ihrem Ende naheten dd). Vor 1481 sollen auch zu Würzburg und Maynz Turnier = Ordnungen gemacht worden seyn. Auch 1484 wurde auf dem Ritterlage zu Heilbronn eine Turnier=Ordnung gemacht. In einer Turnier = Ordnung der Ritterschaft der Vier-Lande vom Jahr 1485 wurde noch der Beweis der Turnierfähigkeit durch vier Ahnen gefordert ee). Nur der Brief=Adel und die ausser der Ehe erzeugten adelichen Kinder waren vom Turnier ausgeschlossen, aber der freye Adel, wie auch der Ministeradel und Dienstadel, ja sogar alte Patriciergeschlechter waren Turnierfähig.

In der Folge wurde auch dem neuen Adel die Erlaubniß ertheilt, auf den Turnieren zu erscheinen, Helm und Schild zu tragen, und diese Erlaubniß wurde gewöhnlich gleich in dem Adelsbriefe ertheilt. Uebrigens wurden auch in den Turniergesetzen noch die persönlichen Eigenschaften derer bestimmt, die Turnierfähig seyn sollten. Wer nemlich turnieren wollte, durfte kein Ketzer und Gotteslästerer, kein Majestätsverbrecher, kein Verräther seines Herren, auch nicht in der Schlacht flüchtig geworden seyn; er durfte kein vorsätzlicher Mörder, kein Straßenräuber, kein Kirchenräuber, kein Wucherer oder Urheber neuer Zölle und öffentlicher Beschwerden seyn; er durfte Wittwen und Waysen nicht beraubt oder unterdrückt, nicht treulos wider Eid, Handschrift

schrift und Siegel gehandelt haben, er durfte kein un-
edles Weib haben, kein Ehebrecher seyn, nicht
ohne Noth in der Stadt wohnen, noch bürgerliches
Gewerbe oder Handel treiben ff).

Man kann vorzüglich zwey Hauptursachen angeben, warum die Turniere im 16ten Jahrhundert,
besonders in Deutschland, ein Ende nahmen. Es
war ein Turnierartikel, daß keiner zugelassen werden
sollte, der einige Neuerung in der Religion anfienge.
Da nun die Reformation Luthers 1519 ihren Anfang nahm und ein großer Theil des Adels sich auf
Luthers Seite schlug: so wurden die Turniere ab-
sichtlich gemieden. Zudem kamen auch Büchsen
und Kanonen auf, wodurch die persönliche Tapferkeit vieles von ihrem sonstigen Ansehen verlor. Endlich waren auch in den Turnieren viele verunglückt,
welches allmälig Abscheu vor diesen Spielen verur-
sachte. Schon 1287 auf dem Turnier zu Nürnberg wurde Pfalzgraf Ludwig, Sohn des Churfür-
sten Ludwigs des Strengen, von einem Grafen
von Hohenlohe, ferner 1316 zu Basel ein Graf von
Katzenellenbogen von dem Ritter von Holweil, auch
Marggraf Johann von Brandenburg und Herzog
Primislaus zu Mecklenburg auf Turnieren getödtet.
Auch kamen die Franken und Hessen auf dem 23ten
Turnier zu Darmstadt 1408 so sehr zusammen, daß
17 Franken und 9 Hessen getödtet wurden.

Einige meynen, daß schon 1487 das letzte Turnier zu Worms gehalten worden sey, welches jedoch zu bezweifeln ist, und nicht einmal von Deutschland gelten kann, weil 1644 noch ein Turnier zu
Baden gehalten wurde gg).

Im

Im Jahr 1503 hielt Ludwig XII zu Lion ein Ritterspiel mit dem Rohrwerfen hh). Im Jahr 1511, desgleichen 1577 wurde noch bey der Fürstl. Württembergischen Hochzeit gerennet und gestochen, aber nicht turnieret, man hatte keine Turniervoigte dabey, auch wurden die Helme nicht öffentlich zur Schau getragen. Herzog Wilhelm in Bayern gab 1568 ein Kübelstechen ii). In Italien wurde noch 1648 ein Turnier zu Modena gehalten, wo der Kayserliche General Montecuculli seinen besten Freund, den Grafen Manzani, mit der Lanze tödtete kk). Zu Dresden wurden i. J. 1719 noch Ritterspiele gehalten ll) und im Jahr 1793 hielten der Herzog Georg von Meiningen und der Fürst Ludwig Friedrich von Schwarzburg Rudolstadt, zu Rudolstadt, bey Gelegenheit des dasigen Vogelschießens, ein Turnier unter sich, welches den Beyfall der Zuschauer erhielt.

Beschaffenheit und Ende der Turniere in Frankreich.

In Frankreich sahe man die Damen als die Seele und Zierde der Turniere an und sie pflegten auch den Muth der Streiter dadurch zu erhöhen, daß sie ihnen vor dem Kampfe etwa einen Gürtel, einen Schleyer, ein Stück von ihrem Kopfputz, ein Armband, eine Schleife, Schnalle, auch wohl eine mit eigner Hand gewirkte Arbeit schenkten, womit der Ritter die Spitze seines Helms, seiner Lanze, seinen Schild, sein Waffenkleid auszierte. Fügte sichs, daß der Ritter einige von den Damen erhaltene Pfänder verlor und daß solche dem Sieger

zu

zu Theil wurden: so schickte die Dame des unglücklichen Ritters wieder andere, um ihn zu trösten
und ihn zu ermuntern, eben dergleichen Beute zu
machen, und ihr diese anzubieten. Oft nahmen
die Damen so warmen Antheil an dem Schicksal, ihrer Geliebten, daß sie so gar den äußern Wohlstand,
den sie sonst so strenge beobachteten, vergaßen. Man
liefet z. B. daß sie sich zu Ende eines Turniers so
sehr von allem Putz entblößet hatten, daß die meisten mit unbedecktem Haupte, ohne allen Schmuck
dastanden, daß ihnen beym Weggehen die Haare
auf den Schultern hiengen und sie keine Aermel
mehr an ihren Röcken hatten. Um ihre Ritter aus-
zuputzen, hatten sie alles hergegeben, Halstücher
sowohl, als Kappen, Mäntel, Kamisöler, Aermel und ganze Kleider. Als sie sich nachher näher
betrachteten und sich so in ihrer Blöße erblickten,
schämten sie sich außerordentlich; aber kaum sahen
sie, daß sie alle gleich entblößt waren, als sie unter sich ein allgemeines Gelächter erhoben; denn
vorher hatten sie ihren Schmuck und ihre Kleider
mit solchem Enthusiasmus ihren Rittern aufgeo-
pfert, daß sie darüber ihre eigne Entkleidung nicht
bemerkten.

Die Ankündigung des Turniers, wobey sich
Trompeten, Clarinetten und Hautbois hören ließen,
geschah gewöhnlich in Versen, die von zwey ledigen
Damen, in Begleitung eines oder mehrerer Waffen-
herolde, abgesungen wurden. Der Fürst, welcher
zum Turnier aufforderte, und der, welcher die Auf-
forderung dazu annahm, wählten zwey Ritter von
beson-

besonderer Redlichkeit, welche die Richter des Turniers seyn mußten. Diese Richter trugen, zum Zeichen ihres Amts, einen weissen Stab, den sie nur erst am Ende des Turniers wieder weglegen durften; sie mußten den Tag, den Ort des Turniers, die Bedingungen des Gefechts, die Art des Turniers und die dabey zu gebrauchenden Waffen bestimmen. Sie machten die Rangordnung bey den Zuschauern und untersuchten, in Gegenwart der Damen, die Wappen und die Eigenschaften der Ritter, die den Wettstreit mit antreten wollten. Außer diesen Richtern gab es noch Marschälle, Räthe und Beysitzer, welche sich an verschiedenen Orten hinstellen mußten, um denen, die ihrer etwa bedurften, zu Hülfe zu eilen. Ferner gab es bey den Turnieren noch Wappenkönige, Herolde und Unterherolde, die auf allen Seiten standen, und auf die Stöße, die ein jeder austheilte und wieder empfieng, genau Achtung geben und davon getreuen Bericht erstatten mußten. In der Hauptstadt Frankreichs gab es auch verschiedene für die Turniere besonders erbaute Schranken, und man kann vielleicht eben hierin den bisher noch nicht bekannten Ursprung des Rechts herleiten, daß die den Prinzen vom Geblüte und anderen hohen Kronbedienten zugehörige Häuser vorne Barrieren haben durften. Vielleicht hatten sie ein außschließendes Recht, dergleichen Schranken zu errichten, da sie auch nur bey sich Turniere anstellen konnten.

Vier Tage vor dem Turniere pflegten sich die Ritter zu versammeln und einer suchte den andern

in der Pracht seiner Rüstung und Equipage zu übertreffen.　Sie erschöpften ihr Vermögen in Anschaf-
fung kostbarer Pferde und Kleider für sich und ihre
Bedienten, wie auch in Perlen, Smaragden, Ru-
binen, die ihre Wagen, ihren Waffenrock und die
Pferdedecken, die von Sammet oder Taffet waren,
zierten.　Die Wappenschilde der Ritter wurden in
einigen benachbarten Klöstern zur Schau ausgestellt,
wo Herren, Damen und ledige Frauenzimmer sie
untersuchen konnten.

Wer in Frankreich turnieren wollte, mußte zwey
bis drey Ahnen haben, seine Rechtschaffenheit mußte allgemein bekannt, und er auch in Ansehung seines
Umganges mit dem Frauenzimmer ganz ohne Tadel
seyn.　Hatte er unter seinen Stand geheyrathet,
oder sich durch eine unwürdige Handlung entehrt,
so durfte er nicht turnieren, und erschien er doch bey
dem Turniere, so wurden ihm auf Befehl des Rich-
ters die Waffen abgenommen, man peitschte ihn
dann mit Ruthen, ließ ihn irgendwo im Schranken
auf einem Holz reiten und setzte ihn den ganzen Tag
dem Spott des Pöbels aus.　Wer nicht vortheilhaft vom schönen Geschlecht gesprochen hatte, wurde auch vom Turnier ausgeschlossen.　Wenn eine
Dame über die Beleidigung eines Ritters zu klagen
Ursache hatte, berührte sie den Helm oder Schild
in seinem Wappen, um ihn den Richtern zu em-
pfehlen oder von ihnen Gerechtigkeit zu erlangen.
War die Beschuldigung gegründet: so wurde die
Strafe bald vollzogen.　Ließ sich der Schuldige,
ohne Erlaubniß erhalten zu haben, wieder sehen,

so

so bestraften ihn die Ritter oder auch die Dame für
seine Kühnheit mit Ruthenschlägen, die von allen
Seiten auf ihn zuströmten. Blos die Gunst der
Damen, die er mit lauter Stimme anrufen mußte,
konnte ihn dieser Strafe entziehen.

Um die Bahn des Turniers herum waren Schaubühnen gebaut, welche größtentheils wie Thürme
gestaltet und in Bogen und Stufen abgetheilt waren,
die mit den reichsten Tapeten, Vorhängen, Fahnen, Bändern und Schildern aufs prächtigste aus-
geschmückt und besonders für die Könige, Königinnen, Prinzen, Prinzessinnen, nebst ihrem ganzen
Hofstaat bestimmt waren.

Wenn sich alle Quadrillen geordnet hatten, so
giengen die Richter alle Glieder durch und untersuchten, ob sich jemand an den Sattel seines Pfer-
des hatte fest schnallen lassen, denn dieses war als
unanständig bey strenger Strafe verboten. Hierauf
ward das Zeichen zum Angriff gegeben. Die Waffen, die man im Gefechte brauchte, waren, weil
der erste Zweck dieser Spiele in der Vorbereitung
des Adels zum Kriegswesen bestand, blos solche,
die man leichte und unschädliche nannte, nemlich
Lanzen ohne Eisen, Degen, die weder scharf, noch
zugespitzt, oft aber blos von Holz waren, zuweilen
auch nur Stöcke. Niemand durfte aber weder auf-
ser der Reihe fechten, noch das Pferd seines Geg-
ners verwunden, noch den Stoß seiner Lanze anders
wohin, als nach dem Gesicht oder mitten auf den
Panzer richten. Man durfte auch keinen Ritter an-
greifen, so bald er das Visir seines Helms losge-

M 2   macht

macht, oder den Helm ganz abgenommen hatte.
Während des Gefechts, wenn Lanzen, Degen und
Stöcke auf die Helme und Panzer der Streitenden
trafen, hörte man ein fürchterliches Getöse, beyde
Partheyen fochten mit großer Hitze und machten
sich den Sieg oft lange streitig. Endlich schlichen
die Ueberwundenen ohne Geräusch fort und begaben
sich in den nächsten Wald. Eben so wenig war es,
besonders bey Turnieren, wo Mann gegen Mann
streiten mußte, erlaubt, daß mehrere sich gegen einen einzigen verbanden.

Geschah es, daß mehrere Ritter auf einen einzigen stießen, so lenkte der Damenritter eine lange
Pike mit einer Damenkappe, als ein Zeichen der
Gnade und des Schutzes des schönen Geschlechts,
auf ihn herab, und sogleich mußte ein jeder ihn ver-
lassen, ohne ihn weiter anrühren zu dürfen. Hatte
der Ritter aus Vorsatz mehrere Ritter gegen sich ge-
reizt: so bekam er Verweise.

Zuweilen folgten auf diesen Kampf der Quadrillen noch einzelne Gefechte, die man Joûtes nannte, und worinne man sich solcher Waffen bediente,
die keine Wunden machten, z. B. stumpfer Lanzen.
Bey diesen Gefechten fand weder Herausforderung,
noch Ankündigung, noch ein Preis statt. Zwey
Ritter brachen aus Galanterie, zur Ehre der Damen, eine oder zwey Lanzen mit einander, das ist,
sie jagten in vollem Gallop auf einander los und
stießen, indem sie sich erreichten, so fürchterlich auf
einander zu, daß sie sehr fest sitzen mußten, um
nicht aus dem Sattel gehoben zu werden mp).

Nach Endigung der Turniere wurden die ausgestell-
ten Preise mit Sorgfalt und Billigkeit vertheilt,
man sammelte in allen Bänken die Stimmen, die
Waffen=Offiziere, die beständig auf die Streiter
genau Acht gegeben hatten, statteten Bericht ab,
und die souverainen Fürsten, die ältern Ritter machten endlich den Sieger öffentlich bekannt. Oft wurden die Damen und ledigen Frauenzimmer um ihr
Urtheil befragt und zuweilen entschieden sie als oberste Gebieterinnen beym Turnier über den Preis.
Traf sichs, daß er demjenigen Helden, welchen sie
für den würdigsten hielten, nicht gegeben wurde, so
bestimmten sie diesem einen andern, der für ihn
nicht weniger rühmlich, oft noch schmeichelhafter
war. Auch in Frankreich wurde fast kein Turnier
gehalten, bey dem nicht eine Menge Menschen theils
im Gefecht verwundet, theils unter den Bühnen
gedrückt, theils von den Pferden zertreten oder vom
Staube erstickt wurden. Daher wurden nachher
Prinzen, an deren Erhaltung viel gelegen war,
vom Turnier ausgenommen und der König Philipp
August ließ so gar seine Söhne Ludwig und Philipp
schwören, daß sie ohne seine Erlaubniß an keinem
Turniere Theil nehmen durften. Daß wegen der
mit den Turnieren verbundenen Gefahr auch Bullen,
Decrete und Bannstrahle der Päbste wider diese
Spiele erschienen, ist schon erinnert worden; der
französische Adel ließ sich aber dadurch noch nicht
von den Turnieren abhalten. Auf die Nachricht
von der Niederlage der Christen im Orient verbot
Ludwig der Heilige diese Spiele auf zwey Jahre
und man unterließ sie wirklich. Bald nachher wur-

N 3 den

den sie aber wieder mit neuem Eifer hervorgesucht. Endlich gab das traurige Ende Heinrichs II Gelegenheit, die Neigung zu diesen Spielen aus den Herzen der Franzosen zu verbannen. Heinrich II brach nemlich mit dem Grafen Montgomery i. J. 1558 eine Lanze, von der ihm ein Splitter durchs Visir ins Auge fuhr und von da ins Gehirn drang, woran dieser König starb. Zwey Jahre nachher kam noch Herzog Heinrich von Bourbon zu Montpensier bey einem Turnier durch einen Fall vom Pferde ums Leben, und hiermit nahmen die Turniere in Frankreich ein Ende nn).

a) Virgil. Aen. V. v. 545. feq. b) Cornel. Nep. in Agefilao. c. 3. c) D. Praun politische Betrachtung von den Heerschilden des deutschen Adels. 1672. und in seinem adelichen Europa 1685. vergl. Burgermeisteri Biblioth. equestris, T. II. S. 951. folg. d) J. A. Fabricii Allgem. Hist. der Gelehrs. 1752. 2. B. S. 517. e) Gothaischer Hof-Kalender 1787. f) Du Fresne Gloss. lat. sub voce torneamentum, g) Choisi Histoire de Philipp de Valois. Lib. II. c. 7. h) D. Praun polit. Betrachtung a. q. O. i) Brunnerin Annal. Bojor. T. III. p. 288. k) Pancivollus de rebus inventis. Lib. II. Tit. 20. l) Menestrier l'origine des Armoiries c. 3. m) Procopius im dritten Buche des gothischen Kriegs. n) Nithardus de dissensionibus filiorum Ludovici Pii. III. Buch gegen das Ende desselben. o) Georg. Schubart de ludis equestribus, vulgo Turnier und Ritterspielen. Halae 1725. p. 35. seq. p) Joh. Paul Kressii Dissertat. jurid. de privilegiis agriculturae apud Germanos. 1712. in Burgermeisteri Biblioth. equestri. T. II. p. 1380. q) Joh. Paul Kressii Dissert. l. c. in Burgermeisteri Bibliotheca l. c. r) Pontanus Vin. Histor. Geldr. Cuspinianus in Vita Henrici

rici I. s) Gothaischer Hof-Kalender. 1787. t) Vosfius de vitiis sermonis. p. 311. u) Otto Frisingensis de rebus gestis Friderici I. Lib. II. c. 8. v) Mich. Ignat. Schmidt Gesch. der Deutschen Th. IV. Ulm. S. 424 seq. w) F. G. Rink de eo, quod justum est circa galeam. Disput. de Imhof Praeside. Altorf. 1726. c. II. p. 36. seq. x) Kressii Dissertat. in Burgermeisteri Biblioth. T. II. p. 1380. seq. y) Reichs-Anzeiger. 1795. Nr. 268. S. 2079. z) Mich. Praun adeliches Europa. Nr. 807. aa) Rudolphi Heraldica curiosa. p. 23. bb) Rürner Turnierbuch Fol. X-XV. cc) Klüber de nobilitate codicillari. Erlang, 1788. Goldast Reichssatzungen. Th. III. S. 398. dd) Struvii Dissert. de ludis equestr. c. 6. §. 8. ee) Rürner Turnierbuch. Tol. CCXIIX. ff) Taschenbuch der deutschen Vorzeit aufs Jahr 1794. von Friedrich Ernst Carl Mereau. Nürnberg und Jena. S. 206. folg. gg) Gothaischer Hof-Kalender. 1787. hh) J. A. Fabricii Allgem. Hist. der Gelehrs. 1754 4. B. S. 190. ii) Ebendas. kk) Gothaischer Hof-Kalender. 1787. ll) J. A. Fabricii Allgem. Hist. der Gelehrs. 1752. 1. B. S. 241. Nota 898. mm) Juvenal de Carlencas Gesch. der schönen Wiss. und freyen Künste, übers. von Joh. Erh. Kappe. 1752. 2. Th. S. 477. nn) Gothaischer Hof-Kalender. 1787. und des Abt Velly Geschichte von Frankreich.

Turpin s. Roman.

Turquin s. Boot.

Turpilius s. Malerkunst.

Tychius s. Gerbereу.

Tycho de Brahe s. Komet, Licht, Mond, Quadrant, Sertant, Weltsystem.

Typhis s. Schiff, Schiffahrt, Steuerruder.

M 4
Typo

Typometrie oder die Kunſt, Landkarten wie Buch-drucker-Typen zu ſetzen, ſ. Landkarten.

Tyrann, der erſte bey den Griechen war Phalaris von Agrigent.

  Plin. VII, 56.

Tyrrhenus ſ. Spieß, Trompete, Wurfſpieß.

Tyrtäus ſ. Trompete.

Tyſias ſ. Rhetorik.

Tyſon (Eduard) ſ. Glandeln.

U.

Ubaldi (Guido) ſ. Mechanik, Perſpective.

Ueberſetzungskunſt. Die erſten Spuren davon fin-det man bey den Egyptiern und Griechen. Mane-tho, ein egyptiſcher Prieſter, überſetzte, zur Zeit des Ptolemäus Philadelphus, die Geſchichte ſeines Landes in die griechiſche Sprache. Die Griechen überſetzten ſchon morgenländiſche Schriften in ihre Sprache. Ptolemäus Philadelphus ließ die fünf Bücher Moſis in die griechiſche Sprache überſetzen, welches nachher mit dem ganzen alten Teſtamente geſchah. Philo Byblius überſetzte die Jahrbücher des Sanchoniathon aus dem phöniziſchen ins Grie-chiſche. Der römiſche Rath ließ das Buch, wel-ches der carthaginenſiſche Feldherr Mago vom Feldbaue geſchrieben hatte, ins Lateiniſche überſe-tzen. In Regeln wurde dieſe Kunſt erſt ſpäter ge-bracht. Henricus Stephanus a) und Jacobus Billius b) gaben Regeln, wie man die griechiſchen Schriftſteller gut überſetzen könne; Johann Caſpar Suicer gab eine Anweiſung zu einer güten Ueberſe-

                 zun-

ßung der griechischen Kirchenväter c). Herr De
l' Etang zeigte 1660 in einer Abhandlung von der
Uebersetzungskunst die Regeln, die man beym Uebersetzen aus dem Lateinischen in seine Muttersprache
zu beobachten habe. Noch mehr that sich Huetius
durch seine Schriften hierin d) hervor. Auch der
Abt Regnier machte im Jahr 1700 in seiner Abhandlung über den Homer Regeln vom Uebersetzen
bekannt.

a) Stephani Thesaurus graecae linguae. b) Jacobi
Billii locutiones graecae. c) Suiceri Thesaurus ec-
clesiasticus. Amst. 1662. d) Huetius de optimo
genere interpretum, wie auch de claris interpretibus.
Lib. H.

Uffanus s. Kanone.

Uhr ist eine Verrichtung, wodurch die Stunden abge-
messen werden. Die ältesten unter allen Uhren waren die Wasseruhren, deren Epoche über alle uns
bekannte Nachrichten hinausgeht, selbst die ältesten
Nachrichten davon sind in dunkle Bilder eingehüllt.
Die Egyptier hielten den Merkurius für den Erfinder derselben, welcher sahe, daß der Kynokephalos
zwölfmal des Tags sein Wasser ließ und sich daher
ein Werkzeug machte, das den Tag in zwölf gleiche
Theile theilte a). Es bestand aus Gefäßen, wo
das Wasser tropfenweise aus einem in das andere
floß, wodurch das Maaß der Zeit bestimmt wurde.
S. Wasseruhr.

Diese Wasseruhren waren aber unsicher und unbequem, daher erfand man die Sanduhren, die
noch jetzt, besonders auf Schiffen, gebraucht werden,

den, deren Alter sich aber nicht bestimmen läßt. Siehe Sanduhr.

Nach den Sanduhren folgten die Sonnenuhren, welche der Chaldäer Berosus erfand, der 200 Jahre früher, als der Geschichtschreiber dieses Namens, lebte. Siehe Sonnenuhr.

Nach den Sonnenuhren kamen die Räderuhren auf, welche durch eigne Bewegung die Stunden zeigten; ihr Erfinder war Pacificus, der im Jahr 846 als Archidiakonus zu Verona starb. S. Räderuhr. Wenn diese Räderuhren nicht schlagen, sondern nur Stunden zeigen, heißen sie Zeigeuhren; ist aber ein Schlagwerk damit verbunden, so nennt man sie Schlaguhren, deren Dante Alighieri, der 1321 starb, in seinem Gedichte vom Paradiese zuerst gedenkt. S. Schlaguhr. Ist eine Räderuhr mit einem Schlagwerke auf einem Thurme angebracht, so führt sie den Namen Thurmuhr. Man deutet die Worte des Dante in seinem Gedichte vom Paradiese auch auf die Thurmuhren; andere meynen indessen, daß Jacob Dondus im Jahr 1344 zu Padua die erste Thurmuhr, die alle Stunden schlug, gemacht habe. S. Thurmuhr.

Manche Schlaguhren haben ein Gewerk, welches zu einer begehrten Stunde ein starkes Geklingel macht, damit man aus dem Schlafe erwacht; solche Uhren nennt man Weckuhren.

Räderuhren, die nicht eher schlagen, bis ein gewisses Werk daran gerührt wird, heißen Repetiruhren, welche Huygens um das Jahr 1650 erfunden

den haben soll; der Engländer Barlow wandte im
Jahr 1676 die künstliche Wiederholung des Schlag-
werks auf die Taschenuhren an. S. Repetiruhr.

Die Räderuhren werden entweder durch Federn
oder durch Gewichte in Bewegung gesetzt; zu denen,
die durch Federn bewegt werden, gehören die Sackuhren oder Taschenuhren, die Peter Hele zu Nürnberg, kurz nach dem Jahr 1500 erfand; diejenigen aber, welche durch Gewichte in Bewegung gesetzt werden, heißen Wanduhren.

J. Ridley erfand und beschrieb zwey Instrumente zur leichtern und schwerern Aus- und Ein-
bringung von Rädern und Federn in großen Uhr-
werken b).

Der vornehmste Theil in der Uhr ist die Unruhe,
welche durch Hin- und Wiederschlagen die Bewegung
abmißt. Dieselbe aufs genaueste zu fassen, brachte Huygens, ein Holländer, im Jahr 1656 den
Perpendikel an den Räderuhren an, woraus die
Penduluhren entstanden. Der Pater Jacob Alexander beschuldiget aber den Huygens, daß er dem
berühmten Galilei, der schon 1639 den ersten Begriff einer Penduluhr vortrug, und dessen Sohn
1649 wirklich die erste Penduluhr verfertigte, seine
Erfindung abgeborgt und sich mit Unrecht zugeeignet
habe. S. Penduluhr. Bey den Penduluhren besteht der Perpendikel aus einer langen, am Ende
mit einem Gewichte versehenen Stange, aber bey
den Sackuhren bringt man dafür eine zarte in der
Unruhe befestigte Feder an.

Der

Der Secundenuhren bediente sich Johann Purbach in Wien, der 1461 lebte, zuerst bey seinen
astronomischen Beobachtungen. S. Secundubren.

Eine Uhr, die sich selbst eine schiefe Fläche
hinabtreibt und durch das Aufwälzen wieder aufge-
zogen wird, erfand Robert Wheeler und beschrieb
sie 1684. Man hat ihm diese Erfindung abspre-
chen wollen, weil schon Caspar Schött in seiner
technica curiosa 1664 eine Uhr auf einer schiefen
Fläche beschrieben habe; allein Schött redet von
einer Sonnen=Uhr in plano inclinato, von der
die Uhr des Robert Wheeler ganz verschieden ist.

J. H. Schlüter, aus dem Kirchspiel Wolf, im
Münster=Hochstift, welcher das Uhrmachen nie gelernt hat, sondern von Profession ein Leinweber ist,
hat nach eigner Erfindung eine Kunstuhr gemacht,
die 1) Stunden und Minuten zeigt, 2) sieht man
deutlich eine Bataille zwischen Laudon und den Türken zu Belgrad, 3) das Retiriren und Avanciren,
man hört Trompetenschall, sieht rechts= und links=
um exerciren. Ferner sieht man eine Stadt mit
zwey Thoren, wo alle Viertelstunden an jedem Tho-
re die Schildwache abgelöset wird, und verschiedne
Kunststücke mehr d).

Der Herr Baron Jacob Johann von Küllmar,
zu Arnstadt im Schwarzburgischen, hat es in Verfertigung der Kunstuhren zu einem hohen Grade der
Vollkommenheit gebracht; ich hatte mehrmals Gelegenheit, seine vortreflichen Arbeiten zu sehen, daher ich hier einige derselben beschreiben will. Er
hat sich drey große Penduluhren verfertiget, welche

acht

acht Tage lang gehen, Stunden, Minuten, Secunden und den Tag zeigen, auch schlagen und re-
petiren; zugleich sind sie so eingerichtet, daß das
Schlagwerk zum Schweigen gebracht werden kann,
daher sie auch in Krankenzimmern brauchbar sind.
Ueber dem Zifferblatte der einen Penduluhr sieht
man ein Paar Tagelöhner, die Holz sägen, einen
Jäger, dem ein Mädchen die Haare streichelt, und
neben dem Jäger einen Hund, der mit dem Schwan-
ze wedelt. Ueber dem Zifferblatt der andern Penduluhr sieht man eine Gesellschaft, die ihre Fröh-
lichkeit durch mannigfaltige Bewegungen zu erkennen giebt.

Ferner sahe ich eine von ihm verfertigte Tafel-
uhr, die ebenfalls acht Tage geht, Stunden, Minuten, Secunden und den Tag zeigt, schlägt und
repetirt. Auf dieser Uhr ruhete ein aus Silber
ganz nach der Natur gearbeiteter Hund, an dem
das Pudelhaar vortreflich ausgedrückt war. Ehe
die Stunde schlug, bewegte der Hund die Augen,
die Ohren, den Schwanz, öfnete den Rachen, daß
man die elfenbeinerne Zähne und die rothe Zunge
deutlich sehen konnte, und bellte sehr natürlich so
vielmal, als es schlagen sollte, dann hörte man
erst die Glocke schlagen und gleich hierauf ließ sich
ein Flötenwerk hören, das eine schöne Arie spielte.

An der Decke des Zimmers hieng ein sehr schöner Vogelbauer, an dessen Boden man ein Zifferblatt sah und daraus auf ein neues Kunstwerk
schließen konnte. Zwischen dem doppelten Boden
des Vogelbauers war eine Uhr angebracht, welche
Stun-

Stunden und Minuten zeigte, schlug und repetirte. Ehe die Stunde schlug, sprang aus einem im Vo- gelbauer angebrachten Gehege ein Vogel hervor, welcher den Schnabel gehörig bewegte und sein Waldlied sang; als dieses geendiget war, ver- schwand der Vogel und die Glocke schlug.

Hierauf sahe ich eine von ihm verfertigte Rei- seuhr, welche Stunden und Minuten zeigte, schlug und repetirte. Jeder Kenner, der diese Uhren sieht, wird auch sogleich die Meisterhand an denselben er- kennen. Auch das Aeussere derselben ist brillant, die Uhr-Gehäuse sind von Mahagonnyholz, schön polirt, und die Vergoldung daran ist der Arbeit der Engländer in dieser Art völlig gleich. Beson- ders verdient noch ein Umstand angemerkt zu werden, der den Herrn Baron von Küllmar über viele andere Künstler erhebt. Es giebt Künstler, die zwar auch schöne Uhren zusammen setzen, aber sich die dazu er- forderlichen Stücke erst aus Fabriken kommen lassen; der Herr Baron von Küllmar hingegen verfertiget alle zu seinen Uhren erforderliche Theile selbst, und mit der größten Genauigkeit, auch sogar die Glo- cken gießt er selbst dazu. Das Innere seiner Kunst- uhren ist eben so sauber gearbeitet, als das Aeus- sere derselben glänzend ist; man kann sie nicht ohne Bewunderung betrachten. Auch lebende Landschaf- ten hat er zu seinem Zeitvertreibe verfertiget, die große Kunst verrathen.

Auf dem Dache eines Flügels des Palais royal in Paris befindet sich eine Kanonen-Uhr, deren Erfinder ein gewisser Herr Rousseau ist. Sie geht
alle

Alle Tage, wenn die Sonne scheint, um Mittag
los. Wenn die Sonne Mittag macht, werden
ihre Stralen von einem Linsenglase aufgefangen,
diese concentrirten Stralen fallen auf das Zündloch,
welches der Brennpunkt ist, und so geht die Kanone
los. Alle Monate wird die Linse anders gestellt.
Vergleiche noch Blumenuhr, Hemmung, Meereslänge, Setzuhr, Wanduhr, Zeithalter.

a) Pliniaa Exercitat. p. 453. 454. Goguet. I. p. 224.
b) Allgem. Lit. Zeitung. Jena 1791. Nr. 107. c)
Philos. Transact. 1684. Nr. 161. p. 647. d) Anzeiger. 1791. Nr. 97.

Uhrglas, womit man die Taschenuhren bedeckt, wird
für eine Erfindung der Engländer gehalten.

Antipandora II. S. 540.

Uhrmacherinnung. Karl I König in England
brachte 1631 die Uhrmacher in eine Innung.

Antipandora II. S. 435.

Uhrschlüssel, in welche kein Staub und Schmutz
hineinkommen und dann ins Uhrwerk fallen kann
und mit denen man eine Uhr von der rechten zur linken Hand und auch umgekehrt aufziehen kann, ohne
ihr Gewalt zu thun und die Feder zu sprengen, hat
der Uhrmacher Stephan Thorogoed in London erfunden. Sie sind nicht größer als die gemeinen
Uhrschlüssel und werden sowohl aus Stahl, als
von Messing, gemacht; einer kostet acht bis neun
Schillinge.

Gothaischer Hof-Kalender. 1783.

Uhrtafeln mit sechs Zeigern, wovon einer die Stunden,

den, der andere die Minuten, der dritte die Secunden, der vierte die Schwere der Luft, der fünfte
die Wärme und Kälte, und der sechste die Feuchtigkeit der Luft anzeigt, hat Herr Muß in Wien erfunden.

Gemeinnützige Kalender-Lesereyen von Fresenius. 1. B.
1786. S. 57.

Ulen (Baltus) s. Einlaß.

Ulloa (Don Antonio) s. Metalle, Mondsvulkan,
Platina.

Ulmann (David) s. Rhetorik.

Ulphilas s. Bibel, Buch, Buchstaben, Kalligraphie.

Ulpianus (Domitius) s. Rechtsgelehrsamkeit.

Ultramarin ist ein feines Veilchenblaues Pulver,
dessen Farbe sich nicht verändert und am Werthe dem
Golde gleich gehalten wird. Das Pulver wird aus
den blauen Stücken des Lazursteins gemacht, den
man sorgfältig von den anders gefärbten Theilen
scheidet. Die alte Bereitungsart dieser Farbe soll
weit mühsamer und kostbarer gewesen seyn, als die
neuere. Nach Kunkels Vorschrift wird diese Farbe
auf folgende Art gemacht: man zerbricht den Lazurstein in Stücken von einer Erbse groß, löscht ihn
im starken Weinessig ab, alsdenn wird er in Essig
zu einem feinen Pulver gerieben. Dann läßt man
die Hälfte reines Jungfernwachs und die Hälfte Ko-
lophonium in einer irdenen, glasurten Schüssel zer-
gehen, wirft unter beständigem Rühren das Pulver
hinein, gießt die Masse in kaltes Wasser und läßt
sie darinn 8 Tage stehen. Dann füllt man zwey
Gefäße mit sehr warmen Wasser, knetet ein Stück
von

von der Maffe in dem einen Gefäß mit Waffer und
wenn man glaubt, das schönste herausgezogen zu
haben, knetet man die Maffe noch einmal in dem
andern Gefäße mit Waffer, wo aber das Blaue
schon bleicher und nicht so gut wird. Nach vier
Tagen setzt sich in dem Waffer das Pulver zu Boden,
welches man sorgfältig sammelt. Man kann von
einer einzigen Maffe drey bis vier Arten Ultramarin
machen, je nachdem man die Maffe in drey oder
vier verschiedenen Gefäßen knetet; die Farbe aus
dem letzteren Kneten wird aber immer schlechter, als
die, welche man aus dem vorhergehenden Kneten
erhielt.

Der ächte Lazurstein wird in der Bucharischen
Tartarey gefunden a). Die alte Bereitungsart
des Ultramarins soll, wie Theophraftus schreibt,
ein König von Theben, in Egypten, erfunden haben b). Den Namen Lapis Lazuli haben wir erst
von den Arabern erhalten. Herr Hofrath Beckmann behauptet, unser Lazurstein sey der Saphir
der Alten gewesen und beweiset dieses unter andern
auch aus einer Stelle aus des Arethas Erklärung
der Offenbarung Johannis, bey Kap. 21, 19. c)
Arethas lebte im eilften Jahrhundert. Nach Tych-
fens Meynung ist Lazul oder Lazur ein persisches
Wort und heißt sowohl der Lazurstein, als auch
blaue Farbe. Die älteste Erwähnung des Namens
Lazuli kommt nach Herrn Beckmanns d) Meynung
in einer Schrift des Leontius e) vor, wo Leontius, der im 6ten Jahrhundert gelebt haben soll,
seine Himmelskugel mit einer Farbe anstreichen lehrt,
die man damals Lazurion nannte. Im 8ten, 9ten

und 10ten Jahrhundert wurde das Wort Lazuri von blauer Farbe und blauer Erde gebraucht. Die angeführte Stelle des Arethas scheint die erste zu seyn, wo die eigentliche Ultramarin-Farbe gemeynt ist. Den Namen Ultramarin soll diese Farbe nach einigen daher haben, weil sie zuerst über das Meer, aus der Levante und besonders aus Smyrna, zu uns gekommen sey, nach andern aber daher, weil ihr Blau noch stärker, als das Blau des Meeres, sey. So viel man bis jetzt weiß, ist Camillus Leonarius der älteste, der 1502 das Wort ultramarinum azurrum brauchte f). Einige behaupten, Nicolaus Nicoluzzi, sonst Pigna genannt, ein Apotheker und Chymist zu Ferrara, habe das Ultramarin zuerst erfunden g); allein, diese Farbe kannte man schon vor seiner Zeit, er erfand nur eine sehr vortheilhafte Bereitungsart derselben und besaß das Geheimniß, das beste Ultramarin zu jener Zeit zu verfertigen h). Der Sohn dieses Nicoluzzi hieß Giambatista Pigna und starb 1575 im 72ten Jahre seines Alters, woraus man schließen kann, daß sein Vater diese Erfindung zu Anfange des 16ten Jahrhunderts machte i). In der ersten Hälfte des 16ten Jahrhunderts lehrte Vannuccio Biringoccio k) zuerst die Bereitung des ächten Ultramarins und unterschied es vom Kupferlasur oder von dem Azurro dell' Alemagna. Alexius Pedemontanus oder Hieronymus Ruscellai machte zu Anfange des 16ten Jahrhunderts die Bereitung des Ultramarins zuerst vollständig bekannt l). Savary m) erzählt, daß die Bereitung des Ultramarins in England erfunden worden und durch einen Bedienten der ostin-

dischen Gesellschaft, der sich wegen einer Beleidigung rächen wollte, öffentlich bekannt gemacht
worden sey; man sieht aber, daß die vorhin angeführten Nachrichten das Alter der ostindischen
Compagnie übersteigen.

Hohberg lehrte auch, wie man aus Lazurstein
Ultramarin verfertigen könne.

Man macht auch vom Silber ein Blau, welches dem Ultramarin sehr nahe kommt n).

a) Brünnich Mineralogie. 1751. S. 112. b) Juvenel
De Carlencas (Geschichte der schönen Wissenschaften
und freyen Künste, übersetzt von J. E. Kappe. 1749.
I. Th. 2. Abschn. X. Kap. S. 256. c) Arethas Erklärung der Offenbarung Johannis. Cap. 67. p. 327.
Diese Schrift findet man in des Oecumenii Com-
mentariis in Nov. Test. Lutet. Paris. 1630. 1631.
d) Beckmanns Beytr. zur Gesch. der Erfind. III.
B. 2. St. S. 176, 201. e) Leontius de constru-
ctione Arateae Sphaerae. p. 144. f) Speculum la-
pidum. Hamburgi. 1717. p. 125. g) Ferrante Bor-
setti Historia almi Ferrariae Gymnasii. 1732. T. II.
176. h) Barthol. Riccii Opera. Vol. II. p. 366.
i) Moehsen Sammlung der Bildnisse berühmter
Aerzte S. 165. 166. k) Biringoccio Pyrotechnia.
p. 38. l) in seinem Buche de Secretis. 1557, wo
eine Abhandlung vom Ultramarin steht. m) Savary
Dictionaire de Commerce. art. Outremer. n) Jacobson Tech. Wörterbuch. IV. S. 478.

Ulugh-Beigh s. Firstern, Quadrant.

Ulysses s. Sturmbach.

Umlauf des Bluts s. Kreislauf des Bluts.

Unform, ist ein neues Seethier, das der Abt Dicquemare entdeckte.

Liche

Lichtenbergs Magazin für das neueſte aus der Phyſik 1783. II. B. 1. St. S. 70.

Ungariſche Krankheit ſoll um das Jahr 1566 zuerſt bekannt geworden ſeyn.

J. A. Fabricii Allgem. Hiſt. der Gelehrſ. 1754. 3. B. S. 580.

Ungariſches Leder, welches in Deutſchland Alaun-leder genannt wird, weil es nicht in den Kalkäſcher kommt, ſondern mit Alaun eingeweicht, mit Hän-den und Füßen gewalkt, und dann in einem heißen Zimmer über Kohlen mit Talg getränkt wird, wur-de ſeit der Mitte des ſechszehnten Jahrhunderts in Frankreich, aus allerley Häuten, beſonders aus ſtarken Ochſenhäuten bereitet. Deutſche Gerber ſind noch geſchickter in der Verfertigung deſſelben, als die franzöſiſchen, und bringen ſolches Leder in 24 Stunden gahr.

Beckmanns Anleitung zur Technologie. Göttingen. 1787. S. 253.

Ungariſches Waſſer, Roßmaringeiſt, eau de la Reine à Hongrie iſt ein über friſchen Roßmarin mehrmals abgezogener ſtarker Weingeiſt. Man hält die Eliſabeth, die Tochter des Pohlniſchen Kö-nigs Wladislaus II und Gemalin des Ungariſchen Königs Karl Robert, die 1380 oder 1381 ſtarb, für die Erfinderin deſſelben. Sie ſchrieb das Re-cept dazu hinter ein Breviarium, welches in die Hände des Franz Podacathar, eines Edelmanns aus Cypern kam, deſſen Vorfahren einer es von der Königin geſchenkt bekommen haben ſoll. Dieſes Recept hinter dem Breviarium wurde im Jahr 1606

durch

durch Johann Prevot entdeckt, der 1631 ſtarb, aber
ſeine Söhne gaben 1659 deſſen Schrift zu Frankfurt
heraus, in welcher auch das Recept enthalten iſt.
Doch kann die Wahrheit dieſer Geſchichte noch nicht
verbürgt werden. So viel iſt gewiß, daß Arnol-
dus de Villa nova das Ungariſche Waſſer ſchon bereitete; nach ihm machte der Italieniſche Arzt Za-
pata im Jahr 1586 die Bereitung des Roßmarin-
geiſtes bekannt.

Schroeckh. Allgemeine Weltgeſch. für Kinder. IV. 3.
S. 297.

Unger ſ. Notenſetzer.

Unger (Joh. Georg) ſ. Rammel oder Rammmaſchine.

Unger (Joh. Friedr.) ſ. Landkarten.

Uniform der Soldaten ſ. Montur.

Uniform der Hofleute. Die erſte Hof-Uniform gab
König Ludwig XIV in Frankreich; man nannte ſie
habit à brevet, weil ſie die Stelle eines brevet d'
entrées vertrat. Bald darauf kamen auch Jagd-
und Reiſe-Uniformen auf; ſie waren blau oder
grün und reich geſtickt.

Pandora. 1788.

Univerſal-Geſchichte ſ. Geſchichte.

Univerſal-Inſtrument, womit man zu allen Zeiten
die Declinationes und Aſcenſiones rectas der Firſter-
ne und Planeten bey Tage finden kann, erfand
Olaus Römer und machte vom 20 bis 23. Oct.
1706 in Coppenhagen Beobachtungen damit.

Sion Mathemat. Werkſchule. Dritte Eröffnung. Her-
ausgegeben von J. G. Doppelmayr. 1741. S. 169-
171.

Uni-

Universal-Magnetnadel s. Magnetnadel.

Universal-Maschine, zum Abzeichnen nach der Natur, hat der Herr Hof-Mechanikus Schmide in Jena angegeben.

> Gemeinnützige Kalender-Leserenen von Fresenius. 1. B. 1786. S. 64.

Universal-Meßtisch s. Meßtisch.

Universal-Microscop s. Microscop.

Universal-Sprache s. Sprache.

Universal-Thermometer s. Thermometer.

Universitäten hießen ursprünglich hohe Schulen, auch Studium, dann Studium generale, endlich universitas (Magistrorum et Scholarum). Es gab zwar schon seit langer Zeit bischöfliche oder Klosterschulen, die, was Deutschland und Frankreich betrift, von Karl dem Großen gestiftet und worinne die Anfangsgründe der sogenannten freyen Künste gelehrt wurden, an die höheren Wissenschaften aber z. B. an Rechtsgelehrsamkeit, Arzneykunde u. d. gl. wurde nicht gedacht. Die Universitäten entsprangen aus den hohen Schulen; die Griechen waren die ersten, welche eine solche hohe Schule zu Athen errichteten, wo alle damals übliche Wissenschaften öffentlich gelehrt wurden. Auf denjenigen hohen Schulen, die später errichtet wurden, lehrte man aber nicht immer alle, sondern gemeiniglich etliche, ja oft nur eine Hauptwissenschaft. So hatte man besondere hohe Schulen für die Rechtsgelehrsamkeit, andere blos für die Arzneykunde, wie die zu Salerno u. s. w. (Vergl. Schulen). Einige halten Cambridge in England für die

älteste

älteſte hohe Schule in Europa und meynen, daß
ſchon der König Lucius im Jahr 170 n. C. G.
den Grund dazu gelegt habe; gewiſſer iſt aber dieſes, daß König Sigebert im Jahr 630 oder 636
dieſelbe errichtete, nachher wurde ſie vom Hugo de
Balsham i. J. 1250 und wieder 1256, und dann
noch von Eduard 1302 verbeſſert. In Spanien
wird Huesca, ſonſt Osca genannt, für die älteſte
hohe Schule gehalten, die vom Sertorius errichtet
wurde. Pavia erhielt im Jahr 794 durch Karl
den Großen eine hohe Schule, die der Herzog von
Mayland, Johann Galeazo, im 14ten Jahrhundert zur Univerſität erhob. Bourdeaux hatte im
Jahr 359 eine hohe Schule, aus der man 1441
eine Univerſität machte. Zu Bononien errichtete
Theodoſius II eine hohe Schule, die Karl der Große
im Jahr 790, dann die Mathildis im eilften Jahrhundert erneuerte, und Kayſer Lothar erhob ſie 1133
zur Univerſität. Die hohe Schule zu Paris ſtiftete
Karl der Große, nach einigen 784, nach andern
790 oder 791; zu Ende des neunten Jahrhunderts
ſoll auch die Univerſität daſelbſt ihren Anfang genommen haben; man weiß aber, daß der Pabſt
Urban III die hohe Schule zu Paris erſt im Jahr
1185 beſtätigte und daß ſolche erſt ſeit dem Jahre
1200 den Namen der Univerſität geführt hat. Ueberhaupt iſt es noch nicht erwieſen, daß die hohen
Schulen ſeit Karls des Großen Zeit den Namen
der Univerſitäten geführt hätten und hätten ſie
auch ſolchen ſchon geführt, ſo waren ſie doch das
bey weitem noch nicht, was unſre jetzigen Univerſitäten ſind. Karl der Große errichtete auch eine

hohe

hohe Schule zu Padua im Jahr 791 bis von Friedrich II i. J. 1221 zur Univerſität erhoben wurde. Den Grund zu der hohen Schule in Oxford legte König Alfred im Jahr 872 und beſchäftigte ſich in den Jahren 879. 880. 885. 886. 890. 894 und 896 mit ihrer Verbeſſerung. Die hohe Schule zu Sevilla ſoll Roderich a S.Aelia im Jahr 990 geſtiftet haben. Die erſte hohe Schule in Deutſchland legte Kayſer Friedrich II, den Privilegien nach, im Jahr 1235, aber der Geſchichte nach zu urtheilen, im Jahr 1237 in Wien an.

Aus ſolchen hohen Schulen entſprangen alſo die Univerſitäten oder die ſtudia univerſalia, indem ſich eine Anzahl von Gelehrten aus allen Fächern der Wiſſenſchaften an einem Orte vereinigten und daſelbſt alle Wiſſenſchaften lehrten; ein ſolcher Ort hieß dann eine Univerſität. Die Mitglieder derſelben, ſowohl Lehrer, als Lernende, bilden gleichſam einen eignen kleinen Staatskörper, haben ihre eigne Gerichtsbarkeit, ihre eigne Geſetze und hängen blos von der höchſten Landes = Obrigkeit ab. Die Univerſitäten ertheilen die Würden in der Gelehrſamkeit aller Facultäten, welches die Akademien nicht thun können und daher in dieſem Punkte geringer ſind, als die Univerſitäten.

Dieſe Univerſitäten entſtanden im zwölften und dreyzehnten Jahrhundert, ſo wie die vier Facultäten aufkamen. Ihren Anfang erſt in das 14te Jahrhundert zu ſetzen, iſt zu ſpät, denn Muratorius (Tom. III. Antiquit. Ital. p. 885.) ſetzt den Anfang der Univerſität zu Bologna ſchon in das Jahr 1116;

auch

auch weiß man, daß Paris ſeit dem Jahre 1200 den Namen einer Univerſität führte. Die Univerſität zu Salamanca in Spanien wurde 1134 gegründet, 1200 und 1239 verbeſſert und erreichte i. J. 1404 ihre Vollkommenheit. Im Jahr 1212 wurde die Univerſität zu Orleans, im Jahr 1219 die zu Neapel von Friedrich II, im Jahr 1240 die zu Aberdeen, welche die älteſte in Schottland iſt, von Alexander II geſtiftet. In Portugall war Coimbra die älteſte Univerſität, die König Dionyſius im Jahr 1279 errichtete. Im Jahr 1300 wurde die Univerſität zu Lerida in Catalonien und 1332 von Pabſte Johann XXII die Univerſität zu Cahors, in der Landſchaft Querey in Frankreich, geſtiftet. Ludwig XV hob aber 1751 die letztere wieder auf und vereinigte ſie mit der Univerſität zu Toulouſe.

Die erſte Univerſität in Deutſchland war die zu Heydelberg, welche Ruprecht I, Churfürſt und Pfalzgraf am Rhein, im Jahr 1346 ſtiftete, im Jahr 1376 wurde ſie beſſer eingerichtet und 1386 feyerlich eingeweihet. Prag erhielt durch Kayſer Karl IV im Jahr 1348 eine Univerſität. Die erſte Univerſität in Ungarn war die zu Fünfkirchen, die 1364 angelegt wurde. Wien erhielt ſchon 1231 vom Kayſer Friedrich II eine hohe Schule, woraus die Herzoge von Oeſtreich, die Brüder Rudolph und Albrecht III, im Jahr 1361, eine Univerſität machten, welche 1384 durch Albrecht III auch noch eine theologiſche Facultät erhielt und im Jahr 1388 war die ganze Univerſität völlig eingerichtet. Kayſer

Karl IV legte 1368 die Univerſität zu Genf in der Schweiz an, und im Jahr 1388 wurde die Univerſität zu Cöln am Rhein vom daſigen Stadt-Räthe geſtiftet. Zu der Univerſität Erfurt legte der Rath daſelbſt den erſten Grund, die Privilegia erhielt die Univerſität ſchon 1378 vom Pabſt Clemens VII, aber eingeweihet wurde ſie erſt 1391 oder 1392. Würzburg ſoll ſchon im Jahr 1282 Studenten gehabt haben, Unruhen halber giengen die Studenten im Jahr 1384 nach Erfurt, aber im Jahre 1403 trat der Biſchof Johann die Regierung an, der die neue Univerſität in Würzburg errichtete. Zu Cracau in Pohlen legte Caſimir III 1364 eine hohe Schule an, welche Uladislaus Jagello im Jahr 1400, noch andern 1401, zur Univerſität erhob. Im 14ten Jahrh. wurden noch in Italien die Univerſitäten zu Piſa, Siena und Ferrara angelegt. Die Univerſität zu Leipzig wurde den 4ten Dec. 1409 von dem Churfürſten von Sachſen, Friedrich I oder dem Streitbaren, und die zu Roſtock, im Jahr 1419, von den Herzogen von Mecklenburg Johann und Albrecht I, mit Zuziehung des Rathes daſelbſt, geſtiftet.

In den Niederlanden iſt Löwen die älteſte Univerſität, ſie wurde 1425 von dem Herzoge Johann errichtet.

Rom hatte von Alters her eine hohe Schule, welche Pabſt Eugen IV. 1432 zur Univerſität erhob.

Im Jahr 1456, den 18. October, wurde die Univerſität Greifswalde von Wratislaus IX, Herzug in Pommern; 1459, nach andern 1460, die Uni-

Univerſität zu Baſel von dem Rathe daſelbſt, und in eben dieſem Jahre 1460 die Univerſität zu Nantes, wie auch die zu Freyburg im Breißgau, und zwar die Letztere vom Erzherzog Albert IV geſtiftet. Im Jahr 1472 errichtete der Churfürſt Johann die Univerſität zu Trier und in eben dieſem Jahre legten der Herzog Ludwig von Baiern und ſein Sohn Georg die Univerſität zu Ingolſtädt an. Die Univerſität zu Tübingen wurde 1477 von Eberhardt I Herzog von Würtemberg geſtiftet. Upſal hatte ſchon ſeit 1306 eine berühmte Schule, die der Erzbiſchof Jacob 1477 zur Univerſität erhob. Die Univerſität zu Copenhagen ſtiftete Chriſtian I, ſie erhielt 1474 ihre Privilegia vom Pabſt Sixtus IV, nahm aber erſt 1478 ihren Anfang, wurde 1398 eingeweiht und 1538 völlig zu Stande gebracht. Die Univerſität zu Maynz wurde 1477, nach andern 1482, vom Erzbiſchof Dietrich geſtiftet; 1747 vom Grafen von Oſtein neu eingerichtet und 1784 ganz umgeändert. Die erſte deutſche vom Kayſer privilegirte Univerſität war Wittenberg, die im Jahr 1502 vom Churfürſt von Sachſen, Friedrich III oder dem Weiſen, errichtet wurde. Im Jahr 1506 wurde die Univerſität zu Frankfurt an der Oder, von Joachim I, Churfürſt von Brandenburg, und im Jahre 1527, nach andern 1526, die Univerſität zu Marburg, welche die erſte evangeliſche Univerſität war, von Philipp dem Großmüthigen, Landgrafen zu Heſſen, geſtiftet. Die Univerſität zu Lauſanne, im Pais de Vaud, in der Schweiz, nahm 1536 ihren Anfang. Im Jahr 1544 wurde die Univerſität zu Königsberg in Preuſ-
ſen

ſen vom Churfürſt von Brandenburg, Albrecht,
geſtiftet; 1548 wurde die vom Dionyſius I. zu Liſ-
ſabon geſtiftete Univerſität nach Coimbra verlegt.
Im Jahr 1549 ſtiftete Otto, Cardinal und Biſchof
von Augsburg, die Univerſität Dillingen in Schwaben. Die erſte lutheriſche Univerſität wurde im
Jahre 1558 zu Jena vom Churfürſt Johann Friedrich und ſeinen Söhnen errichtet. Zu Straßburg
errichtete der Rath im Jahr 1566, oder 1567 eine
hohe Schule und 1621 die evangeliſche Univerſität,
aber die katholiſche Univerſität daſelbſt ſtiftete Ludwig XIV, König von Frankreich, im Jahr 1701.
Die Univerſität zu San Jago di Compoſtella in Spanien wurde 1570, die zu Pont à Mouſſon in Lothringen, 1573, und die erſte Univerſität in Amerika
von den Spaniern in Mexico ebenfalls im Jahr 1573
errichtet. Der Grund zu der Univerſität Altdorf
wurde dadurch gelegt, daß der Rath zu Nürnberg
das Gymnaſium im Jahr 1575 nach Altdorf ver-
legte, 1578 erhielt das Gymnaſium vom K. Rudolph II die Freyheit, Magiſter und Baccalaureen
in der Philoſophie zu creiren, 1622 erhielt dieſe
Akademie zu Altdorf die Doctorsprivilegien in der
juriſtiſchen und mediciniſchen Facultät, nebſt dem
Recht, Poeten zu krönen, 1696 erhielt ſie auch die
Doctorsprivilegien für die theologiſche Facultät.

Die älteſte Univerſität in den vereinigten Niederlanden war Leyden, ſie wurde 1575 von dem
Prinzen Wilhelm von Oranien geſtiftet.

Im Jahr 1575 wurde durch den Herzog Julius
von Braunſchweig die Univerſität zu Helmſtädt errichtet

richtet und am 15. Octob. 1576 eingeweihet. Im
Jahr 1585 entſtanden die Univerſitäten zu Franecker
und Gräz, in Steuermark, letztere durch den Erzherzog Carl II. Die hohe Schule zu Dublin wurde
1591 von der Eliſabeth geſtiftet. Im Jahr 1592,
nach andern 1616 wurde die Univerſität zu Pader-
born vom Biſchof Theodor, 1607 die Univerſität
zu Gießen vom Landgraf Ludwig, 1614 die Univerſität zu Gröningen, wie auch die zu Lima in Peru,
1621 die Univerſität zu Rinteln, von dem Grafen
Ernſt von Schauenburg errichtet; die Privilegien
zu der letztern waren ſchon 1566 vorhanden. Zu
Salzburg ſtiftete der Erzbiſchof Marcus 1617 das
Gymnaſium und der Erzbiſchof Paris 1622 oder
1625 die daſige Univerſität. Im Jahr 1625 wurde
noch die Univerſität zu Mantua vom Herzog Ferdinand, im Jahr 1632 vom Biſchof Franz Wilhelm
die Univerſität zu Osnabrück, die aber bald ein-
gieng, im Jahr 1635 die hohe Schule zu Tyrnaw
in Ober-Ungarn, 1636 die Univerſität zu Ut-
recht 1648 die Univerſität zu Harderwick in Gel-
dern, 1649 die Univerſität zu Bamberg, 1655
die Univerſität zu Duisburg vom Churfürſt Friedrich
Wilhelm von Brandenburg, und im Jahr 1665
die Univerſität zu Kiel von Chriſtian Albrecht, Herzog zu Schleßwig-Holſtein geſtiftet und 1780 verbeſſert. Die Univerſität zu Lund in Schonen wurde 1668, die zu Inſpruck 1677 vom Kayſer Leopold, die zu Halle in Sachſen vom Churfürſt Friedrich Wilhelm von Brandenburg 1692 geſtiftet,
1693 privilegirt und 1694 eingeweihet. Kayſer
Leo-

Leopold legte 1702 die hohe Schule zu Breslau;
Philipp V. 1717 die Univerſität zu Cervera in Catalonien an.   Im Jahr 1725 wurde die Univerſität
zu Guimaranes in Portugal, 1734 die zu Fulda
vom Abt Adolph, 1733 die zu Göttingen, welche
ſchon vom Kayſer Karl V Privilegien hatte, von
dem König Georg II von England geſtiftet und am
17ten Sept. 1737 eingeweihet.   Im Jahr 1743,
nach andern 1744 ſtiftete der Marggraf Friedrich
von Brandenburg Bayreuth die Univerſität zu Neu-
oder Chriſtian-Erlangen.   Die Univerſität zu Moſcau wurde 1755, die zu Bützow 1760 vom Herzoge
von Mecklenburg-Schwerin, die hohe Carlsſchule
zu Stuttgard, die bereits wieder aufgehoben worden iſt, 1782, und die Univerſität zu Bonn 1784
geſtiftet.

Unterſcheidungszeichen, Interpunctiones.   Unter
dem Kayſer Auguſtus wurde der Gebrauch eines
dreyfachen Punkts eingeführt.   Ein Punkt oben
am Buchſtaben bedeutete unſern Punkt, ein Punkt
unten am Buchſtaben bedeutete unſer Kolon, ein
Punkt mitten am Buchſtaben bedeutete unſern Dop-
pelpunkt a).   In der deutſchen Sprache führte
Karl der Große durch den Alcuin und durch den
Paulus Diaconus oder Warnefried die Unterſcheidungszeichen ein b) und Aldus Manutius ſoll zuerſt
um 1490 die commata und cola in gedruckten Bü-
chern gebraucht haben c).   Das Fragzeichen ent-
ſtand aus dem q. welches quæritur bedeutet.
Durch das Ausrufungszeichen hat man die von dem
Munde, als einem Punkte, abwärts divergirenden
Schalllinien bezeichnen wollen d).

a) J.

a) J. A. Fabricii Allgemeine Historie der Gelehrs. 1752.
2. B. S. 274. 275. b) Ebendas. S. 574. c) Ebendas. S. 891. d) Reichs - Anzeiger 1794. Nr. 68.
S. 632.

Umein s. Strumpfwirkerstuhl.

Uranit s. Metalle.

Uranium, so nannte Herr Professor Klaproth nachher das Uranit; s. Metalle.

Uranometrie s. Sternkarten.

Uranus s. Astronomie, Jahr, Jahreszeiten, Monat.

Uranus, Georgsgestirn, Georgenplanet, Herschels
Planet, ist der Name eines erst seit funfzehn Jahren entdeckten Planeten, der wegen seiner großen
Entfernung von uns kaum anders, als durch Fernröhre sichtbar ist. Die wichtige Entdeckung dieses
Planeten machte Herr Friedrich Wilhelm Herschel
(geb. zu Hannover 1738, und seit 1781 Musikdirek-
tor zu Bath in England) mit Hülfe der von ihm
selbst verfertigten fürtreflichen Telescope. Er war
am 13ten März 1781 des Abends mit Beobachtungen der Firsterne beschäftiget, als er durch sein
7 schuhiges newtonisches Spiegeltelescop im Thierkreise, zwischen den Hörnern des Stiers und den
Füßen der Zwillinge, einen kleinen Stern bemerkte,
der sich durch das 227 mal vergrößernde Fernrohr
als eine Scheibe von merklichem Durchmesser dar-
stellte. Er brachte hierauf, eine 460 und eine 932
malige Vergrößerung an, wodurch der Stern eine
noch merklichere Scheibengestalt zeigte. Er bestimmte nun durch ein Mikrometer die Stellung desselben gegen die benachbarten Sterne und sahe nach

zwey

zwey Tagen, daß der Stern gegen Morgen fortrückte und sich dadurch noch mehr von den Fixster-
nen auszeichnete. Auf den ersten Anblick hielt ihn
zwar Herr Herschel für einen Kometen, aber der
gänzliche Mangel eines Nebels oder Schweifs,
und sein nach einigen Tagen entdeckter regelmäßiger
Lauf ließen ihn bald vermuthen, daß es ein bisher
unbekannter Planet seyn möge. Am Tage nach der
ersten Entdeckung, den 14. März, stand er gerade
in Quadratur mit der Sonne, die ihm nun täglich
näher kam. Er gieng zu dieser Zeit rechtläufig, und
fast parallel mit der Ekliptik, in 24 Stunden nur
um ¾ Minuten fort; aber sein Lauf ward immer
schneller, je näher ihm die Sonne kam, völlig so,
wie es die Theorie der Planeten erfordert. Als
Herschel hiervon der königlichen Societät Nachricht
gegeben hatte, fand auch D. Maskelyne diesen Stern
am 17ten März, und fieng vom 1. April an, die
Beobachtungen desselben fortzusehen. Er meldete
die Entdeckung dem Messier in Paris, welcher seine
Beobachtungen vom 16ten April anfieng.

Im May kam die Nachricht hiervon nach
Deutschland an Herrn Bode; aber die lange Abend-
dämmerung hinderte hier schon, den Stern zu sehen,
ob er gleich von den Astronomen zu Mayland und
Pisa noch im Monat May gefunden ward. Man
konnte nun schließen, daß er den 19ten Junius zur
Sonne kommen, und etwa im Julius in der Mor-
gendämmerung wieder sichtbar werden müsse. In
der That sahe man ihn zu Paris, wo die Morgen-
dämmerung später, als bey uns, anbricht, schon
am

am 18. Julius wieder. Am erften Auguft fand ihn Herr Bode in Berlin und von nun an wurde er von mehrern Aftronomen verfchiedener Länder ununterbrochen beobachtet. Man fahe ihn am 25. Sept. wieder in Quadratur mit der Sonne kommen, und gleich darauf feinen Stillftand und Rückgang erfolgen, welcher immer fchneller ward, und am 22. December, wo er der Sonne gegenüber ftand, täglich $2\frac{1}{2}$ Minute betrug, wobey feine nördliche Breite immer zunahm. Die englifchen Aftronomen hatten gleich nach der erften Entdeckung diefes Sterns feine planetarifche Befchaffenheit vermuthet; die franzöfifchen Beobachter hingegen hielten ihn anfänglich für einen Kometen. Durch fortgefetzte Beobachtungen feines Laufs kam man noch im Jahre 1781 zur allgemeinen Ueberzeugung, daß er ein Planet fey, der jenfeits der Saturnsbahn in einer regelmäßig elliptifchen Bahn um die Sonne laufe, und uns beftändig fichtbar bleiben werde. Man berechnete aus den Erfcheinungen feines Fortgangs, daß er 18 bis 19 mal weiter von der Sonne abftehe, als die Erde, und alfo feinen Umlauf nach den Keplerifchen Regeln erft in 80 bis 90 Jahren vollende.

Der König von Großbrittannien fetzte Herrn Herfchel für die Entdeckung diefes Planeten einen jährlichen Gehalt von 300 Pfund Sterling, nebft freyer Wohnung zu Datchet bey Windfor, aus; die königliche Societät der Wiffenfchaften zu London nahm ihn zu ihrem Mitgliede auf und erkannte ihm die Coplenfche Medaille zu, welche jährlich zur Belohnung der wichtigften Entdeckung ausgefetzt ift;

auch ward ihm von der Universität Oxford die Doctorwürde ertheilt.

Dieser neuentdeckte Planet erscheint als ein Stern der sechsten Größe, kaum dem bloßen Auge sichtbar. Inzwischen hat ihn doch Herr Herschel mehrmalen bey heiterer Luft mit bloßen Augen gesehen. Herr Bode sah ihn durch ein Nachtfernrohr von 9 Zoll Länge ohne Mühe, maß auch einigemal durch einen Lambertischen Sternausmesser von 12 Zoll Länge seinen Abstand von benachbarten Firsternen, und bemerkt, daß ihn einige seiner Freunde, wenn er ihnen den Ort genau anzeigte, bey recht heiterer Luft auch ohne Fernrohr fanden. Seine Scheibenähnliche Gestalt wahrzunehmen, erfordert schon stärkere Vergrößerungen. Hieraus und aus seinem äußerst langsamen Fortrücken wird es begreiflich, warum man ihn erst jetzt entdeckt hat. Es konnten ihn schon vor langer Zeit mehrere Beobachter des Himmels gesehen haben, sie hielten ihn aber wegen seiner Kleinheit nur für einen telescopischen Firstern, dergleichen man am Himmel in zahlloser Menge wahrnimmt.

Herr Bode vermuthete zuerst, daß dieser Planet in manchen Sternverzeichnissen als ein Firstern angegeben seyn könne, und fand wirklich den 964ten Stern in Mayers Zodiakalverzeichnisse, der beym Wasserguß des Wassermanns östlich vom Sterne Q stehen sollte, im August 1781 nicht am Himmel. Gerade in der dortigen Gegend mußte aber der neue Planet um 1756 seinen Stand gehabt haben. Mayer hat auch im Verzeichnisse angegeben, daß er

er die Stelle dieses Sterns nur nach einer einzigen
Beobachtung bestimmt habe, und diese Beobachtung war, wie Herr Lichtenberg aus den Mayeri-
schen Manuscripten fand, am 25ten Sept. 1756
gemacht. Herr Bode entschied dahin, daß dieser
von Mayer 1756 beobachtete Stern wirklich der
neuentdeckte Planet gewesen sey.

Seit dem Jahre 1784 vermuthete Herr Bode
eben dieses von Flamstead's 34ten Sterne im Stier
zwischen dem Siebengestirn und den Hyaden, von
der 6ten Größe, den er ebenfalls am Himmel nicht
finden konnte. Damals waren die Elemente der
Bahn des neuen Sterns schon von mehreren Astronomen, besonders Herrn Mechain, etwas be-
stimmter angegeben, und diese gaben ihm für das
Ende des Jahres 1690 eben diejenige Stelle, welche
Flamstead dem angeführten Sterne des Stiers zuschreibt. Da nun Flamsteads Beobachtung am
13. Dec. alten oder 23. Dec. neuen Styls 1690
gemacht ist, so war nicht zu zweifeln, daß auch
Flamstead's vermeynter Fixstern kein anderer, als
der neue Planet, gewesen sey. Hierauf ward
bekannt, daß auch Le Monnier den neuen Planeten
bereits in den Jahren 1763 und 1769 gesehen, und
gleichfalls für einen Fixstern gehalten hatte. Hieraus ist also klar, daß dieser Stern zwar schon von
Flamstead 1690, von Mayer 1756 und von Le
Monnier 1763 und 1769 gesehen, aber von Herschel 1781 zuerst als Planet entdeckt worden ist.

Herr Bode hat für diesen neuentdeckten Planeten den sehr schicklichen Namen des Vaters des Sa-

D 2   turus,

turns, nemlich Uranus, vorgeschlagen, den auch die meisten Astronomen angenommen haben. Herr Herschel schlug den Namen Georgium sidus, zu Ehren des Königs von England, vor. Die französischen Schriftsteller nannten ihn Herschels Planet, weil sie in den Memoires für 1779, die 1782 herauskamen, diesen Namen gebraucht hatten und sich in der Eil kein schicklicherer darbot.

Die ersten Ueberschläge über die muthmaßliche wahre Bahn des Uranus machten die Herren Bode und Lexell 1784, Hennert und Mechain 1786, woraus Herr De Lambre 1789 Elemente der Bahn des Uranus, jedoch ohne Rücksicht auf die Perturbationen durch Jupiter und Saturn, berechnet hat.

Diesen Entdeckungen zufolge ist Uranus, von der Sonne aus gerechnet, der siebente und äußerste Planet, dessen Bahn alle übrigen umschließt. Die Bahn selbst ist, wie alle Planetenbahnen, elliptisch und ihre Ebne macht mit der Ebne der Erdbahn einen Winkel von 46' 16''. Ihre Eccentricität scheint nur gering zu seyn. Nach De Lambre verhält sich der größte Abstand des Uranus von der Sonne zum kleinsten fast, wie 21 zu 19. Seine Bahn ist ein Kreis, dessen Halbmesser 19 mal größer ist, als der Halbmesser der Erdbahn, also ist er 19 mal weiter von der Sonne entfernt, als unsre Erde. Seine Entfernung von der Erde beträgt 370 Meilen.

Den scheinbaren Durchmesser des Uranus schätzt Herschel etwa auf 4'', also wäre der Uranus im Durchmesser 25 mal kleiner, als die Sonne,

aber

aber $4\frac{1}{2}$ größer als die Erde, so daß er an körper-
licher Größe, unsere Erde etwa 88 mal übertreffen
möchte; Herr Bode hält aber den Uranus nur
für 75 mal, höchstens 80 mal größer, als die Erde.

Herschel entdeckte auch, vermittelst eines 20
schuhigen Telescops, zwey Trabanten oder Monden des Uranus, von denen der erste seinen Umlauf
um ihn in $8\frac{1}{4}$ Tagen, der zweyte in $13\frac{1}{2}$ Tagen zu
vollenden scheint. Er entdeckte diese Monden zu-
erst am 11ten Jenner 1787.

J. E. Bode von dem neuentdeckten Planeten. Berlin
1784. 8.

Urban V. s. Rose.

Urban VI. s. Krone.

Urin. Der erste, der ein eignes Buch davon schrieb,
war Theophilus Protospatharius im VII. Jahrhundert; er erkannte auch zuerst substantiam testi-
um vasculosam, welche Erfindung sich sonst Reg-
ner de Graaf zuschrieb.

J. A. Fabricii Allgem. Hist. der Gelehrs. 1758. 2. B.
S. 636.

Ursinus s. Iconographie.

Ursinus (Benjamin) s. Logarithme.

Ursinus (Fulvius) s. Münzwissenschaft.

Uso s. Kleider, Kürschner.

Ussher (Heinrich) s. Passagen = Instrument.

Uttmann (Barbara) s. Spitzen.

V.

B.

Vacuum, Leidner, Kleiſtiſches Vacuum, iſt eine belegte Flaſche, aus welcher man die Luft ausziehen kann, um Erſcheinungen des elektriſchen Lichts im luftleeren Raume darzuſtellen. Henly machte dieſe Erfindung, um die frankliniſche Theorie der Electricität dadurch zu erweiſen.

Gehler phyſikal. Wörterbuch. II. S. 872.

Dänius (Otto) ſ. Malerey.

Vaillant ſ. Tafetes.

Vaillant (Jean Foy) ſ. Münzwiſſenſchaft.

Vaillant (le) ſ. Butter; Jagd.

Vaillant (Walleraut) ſ. ſchwarze Kunſt.

Vailly (Karl) ſ. Waſſeruhr.

Vair (Wilhelm Du) ſ. Rhetorik.

Valade ſ. Podagra.

Valboa (Vasquez Nunnez De) ſ. Magellaniſche Meerenge.

Valckens (Gerhard) ſ. Planetolabium.

Valentinian ſ. Rechtsgelehrſamkeit.

Valentinus (Baſilius) ſ. Spießglas.

Valerius (Lucas) ſ. Schwerpunkt.

Valerius Meſſala ſ. Sonnenuhr.

Valla (Laurentius) ſ. Kritik, Logik, Philoſophie.

Vallangren ſ. Meereslänge.

Vallet ſ. Luftſchifftkunſt.

Vallois ſ. Lockleine.

Valſalva (Anton Maria) ſ. Nieren.

Val=

Valveln, oder Fallen, ſind ſubtile Häutchen mit einigen Hölen, die dazu dienen, das zurückfließende
Blut aufzuhalten. — Man findet dergleichen
Valveln in mehreren Theilen des Leibes. Die Valveln oder Klappen in dem menſchlichen Herzen entdeckte Eraſiſtratus von Julis aus der Inſel Lea,
Arzt des Königs Seleucus Nicator a). Die
Valvulam coli oder die Grimmbarmsklappe entdeckte nach einigen Jacob Sylvius (der 1555 ſtarb
b), nach andern aber Fallopius (geb. 1523. geſt.
1562) zuerſt, wenigſtens hat ſie Fallopius in ſeiner Anatomia Simiae zuerſt völlig beſchrieben c).
Nachher wurde ſie vom Vidus Vidius († 1567), d)
dann vom Conſtantin Varolius (geb. 1543. geſt.
1575) e) hernach vom Johann Poſthius (geb. 1537
geſt. 1597) f) wiedergefunden, die ſich alle die
Entdeckung dieſer Valvel zueigneten. Paul Serpi
(geb. 1552, geſt. 1623) hatte dieſe Valvel dem
Hieronymus Fabricius ab Aquapendente (geb. 1537
geſt. 1619) gezeigt g), demohngeachtet eignete ſich
der letztere die Entdeckung der Valveln in den Blut-
adern zu; er zeigte im Jahr 1579 dieſe Valveln
öffentlich zu Padua, welches ein Medicus aus
Nürnberg, Georg Palma, dem Churfürſtl. Säch-
ſiſchen Leibarzte, Salomo Albertt (geb. 1540 zu
Naumburg, geſt. 1600 zu Dreßden) meldete, der
dann eben dieſe Valvel fand, ſie noch 1579 be-
ſchrieb und zugleich meldete, daß er dieſelbe ſchon
vorher in einem Biber gefunden habe i). Einige k)
wollten daher den Salomo Albertt zum erſten Entdecker dieſer Valvel machen, welche Ehre er aber
ſelbſt von ſich ablehnte l). Endlich wollte ſich

auch

auch Caſpar Bauhin (geb. 1560. geſt. 1624.) dieſe Entdeckung zueignen, die doch ſchon von mehreren vor ihm beſchrieben worden war m). Bartholin meynt jedoch, daß dieſe Entdeckung, da ſo viele darauf Anſpruch machen, von mehreren zu gleicher Zeit und an verſchiedenen Orten gemacht worden ſeyn könne.

a) J. A. Fabricii Allgemeine Hiſtorie der Gelehrſ. 1752. 2. B. S. 240. b) Jöchers Gelehrten Lexicon. Leipzig. 1751. IV. Th. S. 966. J. A. Fabricii Allgem. Hiſt. d. Gelehrſ. 1754. 3. B. S. 572. c) Blumenbachs Medicin. Biblioth. I. S. 372. d) Allgem. Lit. Zeitung. 1790. Nr. 367. S. 664. e) J. A. Fabricii Allgem.Hiſt. der Gelehrſ. 1754. 3. B. S. 576. f) Allgem. Lit. Zeitung. a. a. O. g) Beſchreibung einer Berliniſchen Medaillen‐Sammlung von J. C. W. Moehſen. 1773. 1. Th. S. 27. h) J. A. Fabricii Allgem. Hiſt. der Gelehrſ. 1754. 3. B. S. 545 und 1085. i) Moehſens Beſchreibung einer Berliniſchen Medaillen‐Sammlung. a. a. O. k) Th. Bartholini Anatomia. 1673. p. 91. Schenkii Obſervat. Lib. III. tit. de Deo. Douglaſ Bibliogr. anatom. edit. 2. p. 151. l) Moehſens Beſchreibung einer Berliniſchen Medaillen‐Sammlung a. a. O. S. 26 und 27. m) Allgem. Lit. Zeitung. a. a. O.

Vandelli ſ. Reproduction.

Vanlede ſ. Schlittſchuhe.

Vanni oder Vannon (Michel Angelo) ſ. Marmor.

Varenius ſ. Schatten.

Varignon ſ. Manometer, Mechanik, Potenzen, Seilmaſchine.

Varin (Johann) ſ. Medaillen, Streckwerk.

Varius

Varius ſ. Schauſpiel.

Varolius (Conſtant.) ſ. Gehirn, Gehirn — Brücke Glandeln, Sehe = Nerven, Valveln.

Varonne (Jean de) Moſaiſche Arbeit. Marqueterie.

Varro (M. Terentius) ſ. Grammatik, Lexicon, Mathematik, Philologie, Rechenkunſt.

Vaſco de Gama ſ. Oſtindien, Vorgebirge.

Vatablus ſ. Sprache.

Vater (D. Abraham) ſ. Speichelgang.

Vaubon (De) ſ. Laufgraben, Parallelen, Prellſchuß, Waffenplätze.

Vaucanſon ſ. Automaton, Flötenſpieler, Seiden= haſpel, Seidenweberſtuhl, Spinnmaſchine.

Vaudeville war ein Volksgedicht der Franzoſen, worinn die Laſter getadelt wurden. Le Boeuf a) ſetzt den Urſprung deſſelben in die Zeit Karls des Großen, aber Bourgeville b) ſchreibt dieſes Ge- dicht dem Olivier Baſſelin zu, wenigſtens war es zur Zeit Philipps I, der 1060 zur Regierung kam, in Rufe. In der Gegend der Stadt Vire, in der Normandie, wurde dieſes Gedicht wieder erneuert und man vermuthet, es habe anfangs von dieſer Stadt Vaudevires geheiſſen c).

a) Le Boeuf Differr. ſur l'etat des ſciences en France ſous Charlemagne. b) Bourgeville Antiquité de Caen. c) Juvenal De Carleucas Geſchichte der ſchönen Wiſſenſchaften und freyen Künſte, überſetzt von Johann Erh. Kappe 1752. 2. Th. 2. Kap. S. 21.

Vaux (Cadet de) ſ. Luftgüte.

Vecchi (Horatio) ſ. Oper.

Vecht (van der) s. Scharlach.

Veen (Octavius von) s. Malerkunst.

Vega (Georg) s. Pendeluhr.

Veinrecht s. Fehmgericht.

Velasco (D. Petro Fernandez De) s. Amalgamation.

Venel s. Mineralische Wasser.

Venephes s. Pyramide.

Venetienne ist ein seidener Zeug oder eine Art von
Gros de Tour, welchen man zuerst in Venedig
verfertiget und hernach in Frankreich nachgemacht
hat. Sein Gewebe ist sehr fein und es wird weder
zum Zettel, noch zum Einschusse vorher gefärbte
Seide genommen.

> Jablonski Allgem. Lex. Leipzig. 1767. S. 1630.

Venise ist eine Art gezogener oder geblümter Leinwand, welche in Flandern und in der Normandie
zur Nachahmung einer andern dergleichen gemacht
wird. Sie ist zuerst im Venetianischen gemacht
worden.

> Jacobson Technol. Wörterbuch. IV. S. 499.

Venius oder Veuti s. Papier.

Ventabon (de) s. Automaton.

Ventilator ist eine Maschine, wodurch in Gefäng-
nisse, Spitäler, Schiffe, Schlafzimmer und andere Oerter, wo die Luft leichtlich zum Schaden
der Gesundheit faul werden kann, frische Luft gebracht wird.

Schon 1711 hatte der Zellerfeldische Maschi-
nendirector, Johann Justus Barkels, (der 1721
starb,

starb, eine solche Maschine auf dem Harse angegeben. Es ist also unrichtig, daß der Engländer Stephan Hales 1741 den Ventilator zuerst angegeben habe, und sein Streit über die Ehre dieser Erfindung mit dem Schweden Triewald war vergeblich a).

Indessen bleibt dem Stephan Hales das Verdienst, daß er die Erfindung des Ventilators machte, ohne von Bartels Erfindung etwas zu wissen, daß er ferner eine einfachere und nützlichere Art des Ventilators erfand und endlich auch dieser Maschine zuerst den Namen eines Ventilators beylegte. Der Gedanke, daß der größte Theil der Schiffskrankheiten von der zwischen den Verdecken eingeschlossenen, durch Athmen und Ausdünstung verdorbnen Luft, herrühre, leitete ihn auf die Erfindung seines Ventilators, von dem er der königlichen Societät in London 1741 eine Beschreibung vorlas. Im November desselben Jahres meldete der königl. schwedische Ingenieurcapitain Martin Triewald dem Präsidenten der Societät zu London, Mortimer, daß er ebenfalls eine Maschine zu Erneuerung der Luft auf den Schiffen erfunden habe, welche in einer Stunde 36172 Cubikschuh Luft auspumpe. Dieser Maschine bediente man sich mit sehr gutem Erfolg auf der schwedischen Flotte, und auch in Frankreich, wohin Triewald ein Modell derselben geschickt hatte. Die Erfindung des Triewald hat mit der des Hales große Aehnlichkeit, daher es genug ist, die eine davon zu kennen.

Der

Der Ventilator des Hales besteht aus zwey hölzernen Kasten oder Parallelepipedis, deren jedes in der Mitte durch eine um ein Charnier bewegliche hölzerne Klappe (Diaphragma) getheilt ist. Diese Klappen sind an einer Seitenfläche des Kastens durch das Charnier befestiget und stehen von den übrigen Seiten des Kastens ringsum um $\frac{1}{10}$ Zoll ab. Sie sind durch eine eiserne Stange an einen Hebel so befestiget, daß man durch Hin- und Herbewegen der Hebelstange, wie bey dem doppelten Druckwerke, abwechselnd eine Klappe um die andere erheben und wieder niederdrücken kann. An den Grundflächen jedes Kastens befinden sich vier Ventile. Zwey derselben öfnen sich nach innen, zwey nach aussen. Jeder Kasten ist an der Stelle, wo sich die auslassenden Ventile befinden, mit einem vorliegenden kleinern Kasten oder Parallelepipedo verbunden, in welches man bewegliche Röhren einsetzen kann, um durch selbige die Luft dahin zu leiten, wo man sie nöthig hat. Durch die verschiedenen Stellungen dieser Maschine hat man es in seiner Gewalt, die verdorbene Luft auszupumpen, oder frische Luft einzubringen. Im ersten Falle muß der Ventilator so stehen, daß seine einsaugenden Ventile mit dem Zimmer verbunden sind, das Ende der Röhre aber hinaus in die freye Luft geht. Diese Stellung hält Hales für die vortheilhafteste und konnte so mit einem doppelten Kasten (von 10 Fuß Länge, 3-4 Zoll Breite und 13 Zoll Höhe) in einer Stunde auf 25000 Tonnen Luft auspumpen, und die frische Luft gieng dagegen so unvermerkt ein, daß weder die Kranken, noch die

Schla-

Schlafenden im Zimmer davon einige Unbequemlichkeit empfanden. Doch bemerkt Hales, daß
der Ventilator fast immer in Bewegung erhalten
werden müsse, wenn man recht reine Luft im Schiffe haben wolle. Um frische Luft von außen einzubringen, muß die Maschine ausserhalb des Zimmers stehen, und die Leitröhre ins Zimmer geführt werden, wobey aber der entstehende Wind
unbequem fallen würde. Hales giebt übrigens
noch den Rath, von seinem Ventilator Anwendun-
gen auf die Reinigung der Luft in Kohlenschächten,
Kornböden, Pulvermagazinen und dergleichen, zur
Trocknung des Getraides und Schießpulvers, in-
gleichen zu Einblasung von Dämpfen, welche die
Würmer und Insekten tödten u. s. w. zu machen.

Da diese Maschine beständige Arbeit zu ihrer
Bewegung nöthig hat, so fiel Hales selbst darauf,
sie durch Hülfe einer Feuer= oder Dampfmaschine
zu bewegen und dem Herrn Fitz=Gerald soll es gelungen seyn, der Dampfmaschine die hierzu nöthige
Einrichtung zu geben b). Diese ganze Vorrichtung
nahm indessen viel Raum ein, daher ist ihr Gebrauch auf Schiffen nicht so allgemein geworden,
besonders da Sutton 1741 ein bequemeres Mittel
vorschlug, daß man sich nemlich zur Erneuerung
der Luft des durchs Küchenfeuer bewirkten Luftzugs
bedienen möchte, der durch ein mit dem Aschen-
heerde verbundenes und in mehrere Zweige verbrei-
tetes Zugrohr an die Orte, wo er nöthig ist, geführt werden konnte c). Nachher wurde dieser
Vorschlag durch Sutton und Desagulier dahin ab-
geän-

geändert, daß sie unten im Schiff einen eisernen Ofen anbrachten, von welchem die Röhren in die Böden gezogen werden konnten d). Bentura in Venedig verbesserte ebenfalls die Methode des Sutton. Er verfertigte eine Kugel, die er Luftkugel nennt, 10 Zoll im Durchmesser hat, und mit zwo offenen kurzen Röhren und Haaken versehen ist, um sie zu handhaben. Sie besteht aus Thon, Eisen oder anderem Metall, das die Wärme lange hält. Er machte ferner Röhren, von denen eine oben in den Hals der Kugelöfnung, die andere in die kurze Röhre paßt, um sie zu verlängern. Diese Röhren können nach Erforderniß gekrümmt werden. Soll die Luftkugel gebraucht werden, so setzt man sie auf einen Dreyfuß oder hängt sie aus Feuer, sobald die Kugel warm wird, fängt sie an Luft zu ziehen. Man setzt dann so viel Röhren an, bis sie an den Ort reichen, aus welchem man die ungesunde Luft ziehen will. Man hielt dafür, daß diese Luftkugel besonders auf weiten Seereisen sehr gut zu brauchen sey. Dieser Bentura erfand auch noch einen neuen Ventilator, der nicht groß ist und aus zwey viereckigten über einander stehenden Bälgen besteht und mit Röhren von gepichter Leinwand versehen ist, die über eiserne Riegel gezogen ist, wovon eine die Luft heraus bläßt, wie die andere sie anziehet e).

Auch Hales erfand noch einen Ventilator, den er an den englischen Gefängnissen und Hospitälern anbrachte. Er besteht aus Lufträdern, die einen runden, einen halben Mann hohen, Kasten vorstellen,

stellen, der an dem einen Ende mit einer kurzen, auswärts gehenden Röhre versehen ist. Inwendig in dem Kasten geht ein Rad mit Fächern, das sehr genau an die Wände des dicht zugemachten Kasten anschließt. Durch das Drehen dieses innern Rads wird die Luft durch die Röhre gewaltig herausgejagt, die man dann mittelst eines Schlauchs nach Belieben wegleiten kann. An ihrer Stelle tritt durch ein Paar kleine Löcher, neben der Kurbel, womit das Rad gedrehet wird, stets neue Luft in den Kasten. Die Kosten dieses Ventilators sind sehr gering und er kann bequem in alle Stuben gesetzt werden f).

Du Veulereſſe erfand einen Ventilator, der wie ein Blaſebalg eingerichtet iſt und als Saug- und Druckwerk wirket. Man kann damit ein ganzes Schiff durchräuchern. Am 24. Jun. 1780 wurden auf der franzöſiſchen Fregatte Cybele Verſuche damit gemacht g). Diese Einrichtung scheint mit dem Ventilator des Ventura große Aehnlichkeit zu haben.

Der Churpfälziſche und Herzogl. Zweybrückiſche Hof-Mechanikus, Herr Beyßer, hat den Ventilator so verbeſſert, daß damit, ohne den geringſten Luftzug, in einer Stunde in jedes beliebige Zimmer 5 bis 800, ja 1000 Kubikſchuhe friſche Luft hineingebracht und eben so viel hinausgeſchafft werden kann. Es können damit durch zwey Perſonen in einem halben Tage 6 bis 8 der größten Zimmer in einem Hauſe von ſchädlicher Luft gereiniget werden h).

Caval-

Cavallo machte aus einer englischen Schrift i) folgende Methode bekannt, wie man ein Zimmer bequem von verdorbener Luft reinigen und frische Luft hineinbringen könne: „Man kann aus einer Oefnung in oder nahe bey der Decke des Zimmers eine kleine Röhre entweder bis an die Spitze des Gebäudes hinaufführen, oder ihr sonst eine Verbindung mit der äussern Luft geben. So bald das Feuer einige Theile der Luft im Zimmer erwärmt hat, dehnet sich diese sogleich aus und steigt in die Höhe; andere nach und nach erwärmte und verdünnte Theile drücken alsdann nach, und treiben die leichtesten Theile durch die Oefnung in der Decke hinaus; dadurch wird die verdorbene Luft nach und nach hinweggeschafft, ohne daß sie wieder in die niedrigen Gegenden herabkommen kann. Um aber frische Luft ins Zimmer zu bringen, mache man noch eine andere Oefnung in die Decke und verbinde dieselbe mit einer engen Röhre, welche auf die äussere Seite der Mauer oder in einen andern schicklichen Theil des Gebäudes geführt, hier aber umgebogen und niederwärts bis an den Erdboden geleitet wird. Hierdurch wird die kalte und dichte äussere Luft nahe am Erdboden in die untere Oefnung der Röhre getrieben, und steigt in eben dem Maaße ins Zimmer auf, in welchem die wärmere Luft durch jenes Zugrohr in die höheren Gegenden entweicht. Diese schwerere Luft sinkt, so bald sie das Zimmer erreicht, durch ihr Gewicht gegen den Boden herab, vermischt sich während des Falls nach und nach mit der wärmeren, und wird dadurch so gleichförmig durch das Zimmer ver-

vertheilt, daß sie die Lichter und Personen nur unmerklich erreicht, ohne die Unbequemlichkeiten zu verursachen, denen man sich bey den gewöhnlichen Wegen, frische Luft einzulassen, unterwerfen muß. Wäre die Zugröhre näher am Boden des Zimmers angebracht, so würde die Luft in einem starken und ununterbrochenen Zuge gegen das Feuer zugehen, sie würde die Schenkel und untern Theile des Körpers der im Zimmer befindlichen Personen treffen und eine unangenehme und schädliche Erkältung veranlassen. Auf die beschriebene Art aber kann man den Zimmern mit geringen Kosten eine gleichförmige und mäßige Wärme geben, ohne die Gesundheit ihrer Bewohner durch das Einathmen einer faulen Luft in Gefahr zu setzen, oder ihnen durch Erkältungen zu schaden. In wärmeren Ländern, oder im Sommer, wo nicht geheizt wird, läßt sich gegen den gewöhnlichen Radventilator im Fenster nichts einwenden. Seine Einrichtung ist einfach und er ist ein wirksames Mittel, die Luft der Zimmer im Sommer angenehm und gesund zu erhalten. „

Herr De l' Jsle de St. Martin hat 1788 einen Ventilator angegeben, der sich durch seine einfache Einrichtung empfiehlt. Sein Instrument ist so eingerichtet, daß es einen Luftzug erregt, der den Druck der Atmosphäre in etwas schwächt, welches verursacht, daß das Ausströmen der elastischen Luft des Zimmers ununterbrochen fortdauert x). Der Herr Herausgeber des Magazins für das Neueste aus der Physik l) bemerkt, daß diese Erfindung, den Druck der Atmosphäre durch einen Luftzug in etwas abzuhalten, nicht neu sey, sondern daß man schon lange das Mittel kenne, Queckfilber im Barometer dadurch sinken zu machen, daß man das Gefäß mit Queckfilber, worinn die gefüllte Röhre steht, in ein anderes Gefäß einschließt, und durch letzteres einen starken Luftzug leitet.

Auch wurde im Jahr 1788 bekannt gemacht, daß Herr De l'Jsle Thibault ein Mittel erfunden habe, wie man die Luft der Ventilatoren, deren man sich auf den Schiffen bedient, um die Gesundheit der Seeleute, der Reisenden, der Neger u. s. w. zu erhalten, immer erneuern und beträchtlich vermehren kann. Man bringt bey jedem an einer Niederlage oder großem Behältnisse bereits befindlichen Ventilator noch eine Röhre an, deren obere Mündung mehr als viermal im Durchschnitt weiter ist, als die untere Mündung, m).

a) Gemeinnützige Kalender-Lesereyen von F. A. Fresenius. 1785. I. B. S. 42. I. B. S. 42. b) Wittenberg. Wochenblatt. 1772. 7. Stück. c) Philos. Transact. 1741. N. 461. p. 42. d) Jacobson Technol. Wörterbuch. IV. S. 500. e) Ebendas. f) Philosoph. Transact. n. 437. Baddams Abridgment. T. X. p. 98. Tab. 4. Dühamels Tractat von Erhaltung des Getraides. Tab. XII. Fig. 1. g) Lichtenbergs Magazin für das Neueste aus der Physik. 1781. I. B. 1. St. S. 95. h) Meusels Miscellaneen artistischen Inhalts. 1781. Erfurt. 3tes Heft. S. 108. i) Practical Treatise on Chimneys. f. Cavallo Abhandlung über die Natur und Eigenschaften der Luft. Leipzig 1783. S. 175. folg. k) Gehler physikal. Wörterbuch IV. S. 419. folg.

l) Was

l) Magazin für das Neueste aus der Physik, fortges. von Voigt. VI. B. 1. St. S. 81. m) Mercure. 1788. No. 29. p. 135.

Venus ist der hellste und glänzendste unter allen Planeten. Sie entfernt sich niemals über 48 Grad von der Sonne und vollendet ihren Umlauf um dieselbe, in einer elliptischen Bahn, in 224 Tagen, 16 St. 49 Min. 13 Sec. Die Venus ist im Durchmesser 116 mal kleiner, als die Sonne, also an Größe beynahe der Erdkugel gleich, welche im Durchmesser 111 mal kleiner ist, als die Sonne.

Es ist bekannt, daß die Venus des Morgens vor der aufgehenden Sonne hergeht, und des Abends der untergehenden Sonne nachfolgt, von welcher Stellung sie den Namen des Morgensterns und Abendsterns bekommen hat. Die Griechen hielten diesen Stern, der sich des Morgens vor der Sonne zeigte, für ganz verschieden von demjenigen Stern, der Abends der untergehenden Sonne nachfolgte; aber Pythagoras von Samos zeigte ihnen in der 42ten Olympiade, oder im Jahr n. R. Erb. zuerst, daß der Morgen- und Abendstern nur ein und eben derselbe Stern sey a); nach andern soll erst Parmenides, 50 Jahre nach dem Philosophen von Samos, dieses den Griechen entdeckt haben b). Da aber diese Entdeckung für aufmerksame Beobachter des Himmels äusserst leicht war, so ist zu vermuthen, daß sie schon lange vor den Zeiten des Pythagoras gemacht, vielleicht schon den Egyptiern bekannt war; wenigstens sagt man von diesen, daß sie die Bewegung der Venus entdeckt hätten c), welches von der Beschaffenheit

ihres

ihres scheinbaren Laufs verstanden werden kann, und da sich Pythagoras lange in Egypten aufhielt: so konnte er daselbst gelernt haben, daß der Morgen- und Abendstern nur ein Stern sey. Tournefort hat die Stelle des Plinius mißverstanden, wenn er daraus schloß, daß Pythagoras die Venus zuerst entdeckt habe, denn diesen Stern kannte man lange vor des Pythagoras Zeit.

Schon die alten Astronomen schloßen aus ihren Beobachtungen, daß die Venus beständig um die Sonne laufe, und die späteren Astronomen entdeckten, daß die Venus zu den untern Planeten gehöre, welche der Sonne näher, als die Erde, sind, und deren Bahnen von der Erdbahn umschloßen werden. Sie ist, von der Sonne aus gerechnet, der zweyte Planet.

Da die Venus innerhalb der Erdbahn um die Sonne läuft, so muß sie ihre gegen die Sonne gekehrte Hälfte bald ganz, bald nur zum Theil gegen uns kehren, bald ganz von uns abwenden. Ist sie also ein dunkler Körper, so muß sie bald mit vollem Lichte, bald nur zum Theil, oval oder sichelförmig, erscheinen, bald ganz dunkel aussehen, mit einem Worte, sie muß ihre Phasen haben oder ab- und zunehmen, wie der Mond. Dieß muthmaßte schon Copernikus, und der Astronom Simon Marius von Gunzenhausen entdeckte 1609, vermittelst des niederländischen, neuerfundenen Fernrohrs, wirklich die Phasen der Venus, wie er selbst in der Zuschrift zu seiner Practika vom Jahr 1612 erzählt, daher die Nachricht, daß Galilei

lilei durch sein Fernrohr das volle, wachsende und abnehmende Licht der Venus, mithin die Phasen der Venus, entdeckt habe, noch zu bezweifeln ist d).

Im Jahr 1666 entdeckte der ältere Casfini in der Venus Flecken, aus deren Bewegung er auf die Umdrehung der Venus um ihre Axe schloß und diese Umdrehungszeit auf 24 Stunden setzte e). Blanchini, der diese Flecken auch sorgfältig beobachtete, setzte aber die Umlaufszeit der Venus auf 24 Tage. Der jüngere Casfini vertheidigte dagegen seines Vaters Behauptung und die meisten Astronomen stimmen auch für dieselbe.

Wenn die Venus, bey ihrem Umlaufe um die Sonne, in gerader Linie zwischen die Sonnenscheibe und das Auge des Zuschauers auf der Erde zu stehen kommt, so scheint sie sich als ein runder, schwarzer Flecken durch die Sonnenscheibe zu bewegen. Diesen Durchgang der Venus vor der Sonnenscheibe hat der Engländer Jeremias Horrockes am 24. Nov. alten Styls, oder am 4. Dec. n. St. 1639 in Liverpool zuerst beobachtet. Noch außer ihm beobachtete sein Freund William Crabtre, den er im Voraus aufmerksam gemacht hatte, eben diese Begebenheit f). Hernach ist die Venus noch zweymal, 1761 den 6. Jun. und 1769 den 3. Jun. in der Sonne gesehen worden, und ihre nächsten Durchgänge sind nun erst in den Jahren 1874 und 1882 zu erwarten. Halley hat 1677 zuerst auf die großen Vortheile aufmerksam gemacht, die ein solcher Durchgang der Venus vor der Son-

P 3   ne

ne gewährt, und gezeigt, daß er die sichersten Mittel an die Hand giebt, die Sonnenparallaxe zu bestimmen, und dadurch die wahren Entfernungen der Weltkörper von einander und die Größe des ganzen Sonnensystems zu berechnen.

Daß die Oberfläche der Venus ungleich sey, beweisen die schon erwähnten Flecken, welche Cassini und Bianchini auf ihr wahrgenommen hatten. De la Hire machte im Jahr 1700 bekannt, daß er durch ein Fernrohr, welches 90 mal vergrößerte, Ungleichheiten auf ihr gesehen habe, die er größer, als die Mondsberge angiebt g). Herr Oberamtmann Schröter fand am 28. December 1789 durch sein Herschelisches Telescop, bey 161 facher Vergrößerung, der Venus südliches Horn stumpf, mit einem davon getrennten Lichtpunkte. Auch um die Mitte zeigte sich einige Ungleichheit an der Lichtgrenze. Also schien es Schatten zu seyn, über den eine erleuchtete Bergspitze hervorragte. Den 31. Jan. 1790 war diese Erscheinung noch da; sonst fanden sich immer beyde Hörner spitzig. Herr Oberamtmann Schröter bestimmte die Höhe dieses Berges auf 6 mal größer als die Höhe der Mondsberge. Auch scheint gerade wie beym Monde, die südliche Halbkugel der Venus die unebenste zu seyn h).

a) Plin. Hist. Nat. II. 8. b) Phavorin ap. Diog. Laërt. IX. Segm. 23. c) J. A. Fabricii Allg. Hist. der Gelehrs. 1752. 4. B. S. 69. d) Nachrichten von dem Leben und Erfindungen berühmter Mathematiker. 1788. S. 102. e) Ozanams Traité de Mathematique. Tom. V. Traité de Geogr. Part. I. c. 3. p. 84. 85. f) Jer. Horroccii Venus in sole visa

visu, in Hevelii Selenographia. Gedan. 1647. fol.
g) Mem. de l'acad. des sc. 1700. h) Götting.
gelehrte Anzeigen. 1790. St. 121.

Vera's Hydraulische Maschine ist eine Vorrichtung, die Herr Vera in Frankreich (de la Fond nennt ihn Verat) gegen das Jahr 1780 erfand und die dazu dient, vermittelst eines vertikal hängenden Seils ohne Ende, an welches sich das Wasser anhängt, in kurzer Zeit eine Menge Wasser aus der Tiefe herauf und mit geringen Kosten auf eine beträchtliche Höhe zu heben. Er legte der Academie der Wissenschaften zu Paris ein Modell von dieser Maschine vor, über welches die zu dessen Untersuchung ernannten Commissarien einen für diese Erfindung sehr vortheilhaften Bericht erstatteten.

Diese Maschine besteht aus einem Seil ohne Ende, das um zwo bewegliche gleich große Rollen gezogen ist, welche in einerley Verticalfläche über einander stehen. Die untere Rolle steht in dem Wasserbehälter, aus dem das Wasser gehoben werden soll; die obere befindet sich an dem Orte, bis auf welchen man das Wasser haben will. An der Axe der obern Rolle befindet sich noch eine Rolle oder ein Würtel von kleinerem Durchmesser. Um diesen Würtel und um die Peripherie eines großen Rades, welches zwischen beyden vorhingenannten Rollen, in einerley vertikaler Richtung, an einer besondern Axe steckt, läuft noch eine Schnur ohne Ende so, daß durch Umdrehung des Rads mit einer Kurbel zugleich alle Rollen umgedreht werden, wodurch das erstere Seil in eine schnelle Bewegung

P 4

ver-

verfetzt wird. Der auffteigende Theil diefes Seils
nimmt nun allezeit eine gewiffe Menge Waffer mit
fich, deren horizontale Durchfchnitte Zirkelringe
bilden, welche um das Seil herumgehen, und deren Breite vom Durchmeffer des Seils und von
der Gefchwindigkeit der Bewegung abhängt. Die
obere Rolle ift in ein Behältniß eingefchloffen, das
im Boden zwo Oefnungen hat, durch welche das
Seil hindurchgeht; das Waffer fchlägt gegen den
gewölbten Deckel diefes Behältniffes an und wird
von da durch eine abwärts hangende Röhre in ein
darunter befindliches Gefäß geleitet. Um die Ur-
fache der Erhebung des Waffers zu überfehen, muß
man fich das rauhe Seil, als eine Reihe von Bü-
fcheln vorftellen, an die fich zuerft eine Waffer-
fchicht anlegt, welcher nachher allmählich mehrere
Wafferfäden oder Wafferringe durch die Adhäfion
nachfolgen. Diefe Wafferringe bilden nun, indem fie fich von Schicht zu Schicht vereinigen, eine concentrifche, das Seil umringende Waffer-
fchaale, der das Seil zum Kerne dient, und welche durch die dem letztern mitgetheilte auffteigende
Bewegung erhoben wird. Eben das würde erfolgen, wenn man anftatt des Seils eine eiferne Kette
gebrauchte; alsdann würde fich das Waffer in
die Oefnungen der Ringe oder Glieder diefer Kette
hineinfetzen, und mit denfelben auffteigen. Um
mehr Waffer zu heben, hat man vorgefchlagen,
ftatt eines Seils mehrere zu gebrauchen; auch hat
die Erfahrung, wenigftens in Modellen, gelehrt,
daß durch Verdoppelung des Seils faft doppelt
fo viel Waffer gehoben wird. Zu dem Ende be-

kommen die beyden entferntesten oder zuerst genannten Rollen doppelte Einschnitte oder Rinnen, in
welche zwey von einander unabhängige Seile ohne
Ende eingelegt sind, die mit einander parallel laufen, und nicht viel weiter, als um die Größe ihres Durchmessers, aus einander stehen.   In diesem Falle erhebt sich eine ganze Wassersäule zwischen den beyden parallelen Seilen.   Ein Strick
von 21 Linien im Umfange hob in 7 ¼ Minuten 250
Pinten Wasser auf eine Höhe von 63 Fuß.   Der
Erfinder giebt den Stricken aus Genist den Vorzug, weil sie sich länger, als andere, im Wasser
erhalten, ohne zu faulen.   Deparcieux hat Expe-
rimentaluntersuchungen über diese Maschine angestellt und behauptet, daß sie weniger wirksam sey,
als alle bisher bekannte, und selbst als die Eimer-
maschine am gewöhnlichen Ziehbrunnen a).   Landriani hat diese Maschine verbessert und dadurch
bewirkt, daß der Strick eine größere Bewegung
bekommt b).

Es ist nicht ganz schicklich, wenn einige dieser
Maschine den Namen Funicularmaschine beylegen,
weil man hierunter Varignon's einfache Seilma-
schine versteht.

D. Venel hat eine neue, sehr ähnliche, hydraulische Maschine erfunden, die nicht so viel
Seile nöthig hat, auch nicht leicht Schaden und
Aufenthalt leidet, sehr einfach ist, und das Wasser 80 Schuh und höher hebt c).

a) Gehler physikal. Wörterbuch. IV. S. 436.   b) Lichtenberg's Magazin für das Neueste aus der Physik.
P 5   1783.

1783. 2. B. 2. St. S. 69. c) Hist. et Mem. de la
Soc. des Sc. phys. de Lausanne. T. II. 1784-
1786. 4.

Veracini (Augustinus) s. Malerkunst, Oelmalerey.

Verbrennung. Diesen Namen führt die Zersetzung
der Körper durchs Feuer, beym Zutritte der reinen
oder atmosphärischen Luft. Die Veränderung der
Luft durchs Verbrennen, nebst den dabey vorkommenden auffallenden Erscheinungen, ist erst seit
Priestley's Untersuchungen über die Gasarten der
Gegenstand einer allgemeinen und vorzüglichen Aufmerksamkeit geworden. Da man sonst die Luft
nur als ein Mittel ansahe, das die wässerigen
Theile der Flamme auflöse und fortführe, oder
durch seinen mechanischen Druck die Theile der
Flamme selbst zusammenhalte; so lernte man jetzt
in ihr ein zur Verbrennung wesentliches chymisches
Zwischenmittel kennen, das bey dieser Operation
selbst zersetzt wird, und dessen Bestandtheile dabey
in andere Verbindungen treten. Hieraus sind nun
verschiedene neuere Erklärungsarten der Verbrennung entstanden, unter denen sich vorzüglich die
Theorien des Scheele, Lavoisier, Crawford und
De Lüc auszeichnen. Eine Prüfung dieser Theorien der Verbrennung, bey denen jedoch noch immer vieles räthselhaft bleibt, findet man in

Gehlers physikal. Wörterbuche. IV. S. 438. folg.

Vercingentorix s. Kriegskunst.

Verdoppelung des Würfels s. Würfel.

Vereinigte Herzen sind eine Art Seethiere, deren
man mehrere auf einem Felsen beysammen antrift,
wo-

- wovon jedes die Figur eines Herzens und zwey
hohle Röhren, die sich in sechs conische Spitzen
endigen, wie auch innerlich ein Herz und Eingeweide hat. Man bemerkt auch eine freywillige Bewegung an ihnen. Der Abbé Dicquemare entdeckte diese Seethiere und machte sie 1780 bekannt.

Lichtenbergs Magazin für das neueste aus der Physik
und Naturgeschichte. 1. B. 1. St. S. 38 s41.

Verfinstertes Zimmer. s. Camera obscura.

Vergennes (Graf von) s. Kryptographie.

Vergerius (Angelus) s. Kalligraphie.

Vergoldung. Die Kunst zu vergolden ist sehr alt,
denn sie war schon den Hebräern bekannt, die ihre
Bundeslade mit Gold überzogen, d. i. vergoldeten a); eben dieses thaten sie mit dem Tische, auf
dem die Schaubrodte lagen b). Den Griechen
war diese Kunst zu Homers Zeit bekannt, denn er
erzählt, daß Nestor einen Vergolder aus der Stadt
Pild kommen ließ, der Goldschmidt, Goldgießer
und Goldschläger zugleich war und die Hörner des
Ochsens, den Nestor opfern wollte, vergolden
mußte c). Die Griechen und Römer schlugen
schon das Gold in dünne Blätter, die sie mit Ey-
weiß auf Marmor trugen; zum Holz aber brauchten sie das Leucophäum, eine Zusammensetzung
von zäher und klebrigter Erde, die zum Grunde
diente d). Auf die letztere Art wurde die Bildsäule der Minerva vergoldet, die Phidias nach
der Marathonischen Schlacht für die Plataenser
machte. Unter dem Consulat des Publius Cornelius Cethegus und des Marcus Bäbius kam die

Kunst

Kunst zu vergolden nach Rom, denn 571 oder 573 nach R. Erb. ließ Acilius Glabrio die Statue seines Vaters vergolden e). Plinius f) setzt den Anfang der Vergoldungskunst in Rom in die Zeiten des Censors Lucius Mummius, wo man anfieng die gewölbten Decken und Wände der Zimmer mit vergoldeten Zierrathen zu putzen. Auch der Gebrauch des Amalgama zur Vergoldung, das ist, die Mischung von Gold mit Quecksilber, war schon dem Plinius g) und dem Isidor von Sevilien bekannt. Die Vergoldung des Leders ist ebenfalls alt; Kayser Commodus ließ ein Pferd, mit goldenem Leder bedeckt, auf die Rennbahn führen g).

Die trockne Vergoldung wurde erst 1698 durch Rob. Southwell den Engländer bekannt gemacht, welcher meldet, daß sie den deutschen Goldschmidten schon bekannt gewesen sey, daher man sie für eine deutsche Erfindung hält. Sie geschieht auf folgende Art: man tränkt leinene Lumpen in Goldsolution, brennt sie dann zu Asche und reibt diese Asche vermittelst eines in Salzwasser getunkten Korks an das Silber, so wird es vergoldet.

Der Maler, Bildhauer und Baumeister Margarithone, geb. zu Arezzo 1240 † 1317 wird auch für den Erfinder einer Art von Vergoldungen gehalten h).

Die Erfindung der Oelfarben gab zu einer Art der Vergoldung Anlaß, die aller Witterung trotzt i).

Die Vergoldung des Randes der Gläser ist eine deutsche Erfindung k).

Ob

Ob Antonino Cento de Palermo 1680 die Vergoldung des versilberten Holzes erfunden habe, wie Herr M. Vollbeding in seinem Archiv der Erfindungen meldet, ist noch sehr zu bezweifeln, denn er führt kein Zeugniß dafür an, auch findet man genannten Künstler nicht einmal in dem Zürcher Künstler-Lexicon des Füßli, wo zwar unter Gagini eines Antonius Gagini von Palermo gedacht wird, der aber nicht den Beynamen Cento führt und dem auch die erwähnte Vergoldung nicht zugeschrieben wird.

Ein Künstler von Lyon, Namens Crochet, besitzt das Geheimniß, alle Arten alter und neuer Vergoldungen, als Tressen, Stickereyen, Kirchenschmuck, ohne Beschädigung wieder aufzuputzen l).

a) 2 Mose 25, 11. b) 2 Mof. 25, 23. c. 24. c) Homer. Odyſſ. Lib. III. v. 425 seq. d) Plin. Hiſt. Nat. Lib. 33. c. 3. e) Liv. lib. 40. v. 34. f) Plin. Hiſt. Nat. lib. 33. c. 6. g) Hübners Natur-Lex. 1746. p. 1768. h) Allgem. Künstler-Lex. Zürch. 1763. S. 322. i) Juvenel de Carlencas Geschichte der schönen Wiſſ. und freyen Künste v. J. E. Kappe. 1752. 2. Th. 30. Kap. S. 397. 398. k) Beckmanns Anleit. zur Technol. 1787. S. 339. l) Gothaischer Hof-Kalender. 1783.

Vergrößerungsglas s. Microscop.

Vergrößerungsmesser, Vergrößerungsmaas, Auxometer, ist ein Werkzeug, womit sich die Stärke der Vergrößerung bey einem Fernrohre messen läßt. Man kann zwar durch Berechnung finden, wie stark ein Fernrohr vergrößert; da man aber

hier-

hierzu die Brennweiten aller Gläser genau kennen muß, und in Fällen, wo die Ocularröhre mehrere Linsen hat, die Rechnung manchem beschwerlich fällt; so gab schon Wolf eine Anweisung a), wie man die Vergrößerung durch die Erfahrung finden könne. Man betrachtet nemlich die Ziegeln auf dem Forste eines Hauses mit dem einen Auge durchs Fernrohr, und zugleich mit dem andern ohne Fernrohr, und wendet das Fernrohr so, daß der Anfang beyder Bilder auf einander fällt; dann zählt man, wie viel mit dem bloßen Auge gesehene Ziegel von dem durchs Fernrohr vergrößerten Bilde einer einzigen Ziegel verdeckt werden. Diese Anzahl, die sich mit Hülfe des Fernrohrs leicht bestimmen läßt, wird die Vergrößerungszahl seyn. Indessen ist diese Methode für jeden unbrauchbar, dessen beyde Augen nicht gleiche Güte haben.

Der englische Mechaniker Adams hat daher ein sehr bequemes Werkzeug erfunden, welches Magellan 1783 beschreibt und Auzometer nennt b), das aber schicklicher Auxometer heißen kann, und womit man die Vergrößerung der Fernröhre sicherer und leichter messen kann.

a) Wolf Elem. Dioptr. Probl. 38.   b) Rozier Journal de Physique Janvier. 1783. p. 65.

Verhack oder Verhau ist eine Verschanzung von gefällten Bäumen, welche der Länge nach über und an einander gelegt und mit allen ihren Aesten und Zweigen in einander geflochten werden. Einige halten den Verhack für die älteste Art von Befestigung a), woran ich jedoch zweifle, weil es Cornelius

nelius Nepos b) eine neue Kunst nennt, daß sich Miltiades auf dem marathonischen Schlachtfelde, um nicht von der Reiterey der Perser überflügelt zu werden, durch einen Verhack schützte. Hieraus könnte man schließen, daß erst Miltiades den Verhack, wo nicht erfunden, doch wenigstens bey den Griechen zuerst eingeführt habe. Cäsar bediente sich ebenfalls dieser Befestigungsart c).

a) Jacobson technol. Wörterbuch. IV. S. 516. b) Cornelius Nepos in Miltiade cap. 5. §. 3. c) Jul. Caesar de bello Gallico. Lib. III. c. 29.

Verkleinerungs-Maaßstab. Einen Verkleinerungs-Maaßstab, der wegen seiner einfachen Zusammensetzung, wie auch wegen der Leichtigkeit und Geschwindigkeit, womit man ihn bey Copirung der Plane, Karten und Risse gebrauchen kann, anfangs empfohlen wurde, erfand F. Bayley in London und erhielt dafür von der Society for the Encouragement of Arts eine Prämie von 10 Guineen a). Dieser Maaßstab hat aber den Fehler, daß er alle Risse verkehrt copirt, wenn man nicht den zu verkleinernden Riß so legt, daß die untere oder Rückseite desselben obenhin kommt. Wo nun dieses nicht thunlich ist, kann die ganze Methode nicht angewandt werden. Daher hat Herr Heinrich Cotta in Zilbach, bey Meiningen, ein ähnliches, noch einfacheres und anwendbareres Instrument zum Verkleinern der Risse, wie auch ein anderes Instrument, welches die Risse in gleicher Größe copirt, erfunden b).

a) Reichs-Anzeiger. 1794. Nr. 154. S. 1473. b) Reichs-Anzeiger. 1792. Nr. 156. S. 1538.

Ver-

Vermodern der Balken zu verhüten. Ein erfahrner Dänischer Baumeister hat 1791 ein Mittel wider das Vermodern der Balken in den Gebäuden, bekannt gemacht, besonders zur Vorbeugung, daß die Enden der Balken, welche in die Mauern gelegt werden, nicht früher vermodern, als der übrige Theil. Sie müssen nämlich in Salzlauge gelegt werden, ehe man sie niederlegt; auch die Mauersteine, auf welchen sie ruhen sollen, müssen, ehe sie gebraucht werden, ein Paar Stunden in Salzlauge gelegt und dann mit der flachen Seite um den Balken herumgelegt werden, so daß der Kalk das Holz nicht berührt.

Vermögens-Steuer f. Steuer.

Vernier (Peter) f. Nonius.

Vernier f. Clavier.

Vernunftlehre f. Logik.

Verona (Johannes da) f. Marqueterie, Mussivische Kunst.

Veronese (Giovan) f. Marqueterie, Mussivische Kunst.

Verpflanzung der Krankheiten in eines andern Leib oder in Gewächse, Transplantatio morborum, war ein abergläubisches Mittel in der Heilkunde älterer Zeiten, wo man durch magische oder magnetische Kraft und durch sympathetische Mittel die Krankheit aus dem menschlichen Leibe in einen andern Körper abzuleiten und zu versetzen suchte. Columella soll der Erfinder dieser vermeynten Kunst gewesen seyn a), und der Italiener Caspar Tagliacozza oder Tagliacotius, der 1599 starb,

brachte

u brachte dieselbe wieder auf und meynte, sie deßhalb ostna zu haben b).

a) Plin. Hist. Nat. Lib. 17. c. 19. b) Curieuse Nachrichten von Erfindern und Erfindungen. Hamburg. 1707. S. 81.

Verschneiden. Das Verschneiden der Hühner war den Römern bekannt, denn Varro erzählt, daß es zu seiner Zeit durch ein glühendes Eisen geschah a). Auch war es schon bey den Römern üblich, die Fische zu verschneiden, damit sie dicker und fetter werden; der Engländer Samuel Tull, ein Netzmacher und Fischhändler, hat dieses wieder eingeführt b). Mannspersonen verschneiden zu lassen, soll, wie Ammianus Marcellinus c) erzählt, die Semiramis zuerst befohlen haben.

a) Hübners Natur und Kunst-Lex. 1746. S. 411. b) Philosoph. Transact. 1754. Vol. 48. P. 2. Act. 106. c) Ammian. Marcellin. XIV. c. 6. p. 26.

Versilberung. Eine besondere Art der Versilberung auf Kupfer erfand Mellawitz.

Abhandlung der französischen Akad. vom Jahr 1771. Halle fortgesetzte Magie. 1790. III. B. S. 42.

Versüßung des Seewassers s. Seewasser.

Vertheidigungsmaschinen. Herr Johann Friedrich Heinle in Augsburg machte vor einigen Jahren bekannt, daß er Vertheidigungsmaschinen erfunden habe, durch welche jedes Land so vertheidiget werden könne, daß ein an Macht und Kriegswissenschaft überlegener Feind unmöglich in dasselbe eindringen könne. In kurzer Zeit könnten so viele Maschinen dieser Art verfertiget werden, die zureichend

send wären, und 100,000 Mann die Spitze zu
bieten.   Die Einrichtung derselben wäre einfach
und wohlfeil.   Einige solcher Maschinen sollen sogar dem Kanonenfeuer widerstehen und es größtentheils unschädlich machen, andere sollen gegen die
Flintenschüsse, Bajonetstöße und Schwerdthiebe schützen.   Die Handhabung dieser Maschinen soll wenig Militair erfordern und auch von unerfahrnen
Menschen verrichtet werden können.   Man hat indessen seit jener Zeit nicht gehört, ob Herr Opiale
solche Maschinen schon wirklich verfertiget oder irgendwo eine Probe damit gemacht habe.

Reichs-Anzeiger 1794. No. 70. S. 655.

Vertuminus s. Garten, Handlung, Obstbau.
Vervielfältigung der mosaischen Arbeit s. Mus-
sivische Kunst.
Vervielfältigung der Oelgemälde s. Oelmalerey.

Verwandschaft, chymische Verwandschaft, Af-
finität, besondere Anziehung, Wahlanzie-
hung der Stoffe.   Mit diesem Namen belegen die
Chymiker die allgemeine Erscheinung, daß sich die
Stoffe in der Natur mit andern gleichartigen oder
ungleichartigen Stoffen, unter günstigen Umständen, innig verbinden und vereinigen; und zwar
so, daß ein jeder diese Vereinigung immer mit gewissen Stoffen inniger und leichter eingehe, als
mit andern; ja so gar die vorigen Verbindungen
verläßt, wenn ihm Anlaß zu neuen gegeben wird,
zu denen er geneigter ist.   So findet man z. B.
den Essig sehr geschickt, sich mit der Kreide zu vereinigen und dieselbe aufzulösen.   Wird aber in eine

solche Auflösung etwas reines Laugensalz gebracht, so verbindet sich augenblicklich ein Theil des Eßigs mit demselben, und läßt die Kreide, mit der er zuvor verbunden war, in trockner Gestalt zu Boden fallen. Man drückt sich hierüber so aus, daß man sagt, die Eßigsäure zeige Verwandschaft gegen beyde Stoffe, aber sie sey näher verwandt mit dem Laugensalze, als mit der Kreide oder Kalkerde. Diese Verwandschaften lassen sich als besondere Modificationen der Attraction bey der Berührung ansehen. Die wahre Ursache dieser Erscheinungen, so wie der Mechanismus, wodurch diese Veränderungen bewirkt werden, sind noch bis jetzt unerforschliche Räthsel. Die Phänomene der Verwandschaften sind indessen so mannigfaltig, daß man sie in verschiedenen Classen geordnet und deswegen mehrere Arten der Verwandschaft unterschieden hat. Wenn sich diese Verwandschaft zwischen ungleichartigen Körpern zeigen soll, so muß wenigstens einer von beyden im flüßigen Zustande seyn. Ist nun die Flüßigkeit des einen Körpers oder beyder, schon bey der gewöhnlichen Temperatur der Atmosphäre vorhanden, so sagt man, die Verwandschaft zeige sich auf dem nassen Wege; wird sie hingegen erst durch Schmelzung mit Hülfe des Feuers bewirkt, so zeigt sich die Verwandschaft auf dem trocknen Wege. Beyde Verwandschaften folgen verschiednen Gesetzen, weil bey der letzteren der Wärmestoff als Zwischenmittel mitwirkt. Stoffe, die einander anhängen oder einander auflösen, setzen Verwandschaft voraus. Den Namen der aneignenden Ver-

wandt-

wandschaft hat Henkel zuerst aufgebracht; er bezeichnet die Verbindung zweyer Stoffe, die keine
Verwandschaft mit einander haben, vermittelst eines dritten Stoffs, der mit beyden verwandt ist.

Stahl und Henkel legten den ersten Grund zu
richtigern Begriffen von der besondern Verwandschaft der Stoffe; dann unternahm es Geoffroy
im Jahr 1718 zuerst, die Wirkungen der vorzüg-
lichsten Verbindungen und Zersetzungen der Stoffe
in eine Tabelle zu bringen. Solchen Tafeln hat
man nachher den Namen der Verwandschaftstabel-
len beygelegt. Diese Stufenleitern der einfachen
Verwandschaften sollen die Ordnung enthalten, in
welcher die einfachern Stoffe mit einander näher oder
entfernter verwandt sind. Nach dem ersten von Geoffroy gemachten Versuche sind sie vornemlich von
Gellert, Rüdiger, Marherr, Baumé, Erxleben,
Weigel, berichtiget und verbessert worden. Hauptsächlich aber haben die Herren Wenzel, Wießeb,
Bergmann und Kirwan diese ganze Lehre ihrer Vollkommenheit näher gebracht, und viele in den vorigen Tabellen enthaltene Fehler und Mißverständ-
nisse gehoben. Baumé schlug zuerst vor, die Verwandschaften auf dem nassen und trocknen Wege
ganz von einander zu unterscheiden, welches Bergmann mit triftigen Gründen vertheidigte.

Gehler physikal. Wörterbuch. IV. S. 473-482.

Verweisung ins Elend s. Landesverweisung.
Verzeichniß berühmter Aerzte; das erste Verzeichniß berühmter Aerzte gab Otto Brunsfeldius
oder Brunfelsius 1530 zu Straßburg heraus.

J. A.

J. A. Fabricius Allg. Hiſt. der Gelehrſ. 1754. 3. B.
S. 536.

Verzeichniß der Sterne; das älteſte Verzeichniß
der Sterne lieferte Hipparch, der 120 Jahre vor
C. G. lebte; es enthielt 1022 Sterne, da hingegen das des De la Caille deren faſt 5000 enthielt.

Verzinkung des Eiſens. Verſchiedene Methoden,
die eiſerne Kochgefäße zu verzinken, erfanden Char-
tier, eine andere De la Folie, und eine andere be-
ſchrieb die franzöſiſche Akademie in ihren Mémoires
vom Jahr 1744.

Halle fortgeſetzte Magie. III. B. 1790. S. 29.

Verzinnen des Kupfers war zu des Plinius Zeit
ſchon längſt bekannt.

Plin. Hiſt. Nat. Lib. XXXIV. c. 17.

Veſalius (Andreas) ſ. Anatomie.

Veſiculas ſeminales ſoll nach einigen Johann Philipp
Ingraſſia a), nach andern Wilhelm Rondeletius
zu Montpellier b) zuerſt entdeckt haben. Beyde
lebten im 16ten Jahrhundert.

a) J. A. Fabricii Allgem. Hiſt. der Gelehrſ. 1754.
3. B. S. 552. b) Ebendaſ. S. 567.

Veſpucci (Amerigo) ſ. Amerika, Auſtralland, Meer,
Phosphorescenz, Sternbilder.

Vetters (Joh. Paul) ſ. Harfe.

Veulereſſe (Du) ſ. Ventilator.

Vexoris ſ. Kriegskunſt.

Vlacq ſ. Logarithme.

Viadana (Ludwig de) ſ. Generalbaß.

Q 3   Vias

Vianeus (Vincentius) s. Wundarzneykunst.

Vie (Heinrich von) s. Räderuhr, Thurmuhr.

Vicarius (D. Joh. Jac. Franciscus) s. Tobacks-
pfeife.

Vicecomité (Franciscus) s. Posten.

Victorius (Marianus) s. Grammatik.

Viehzucht erfand Abel a); Jabal brachte sie mehr
in Ordnung b). Aristäus unterwieß die Menschen
im Weiden des Viehes, daher er auch Nomius
hieß c). Die Cureter in Creta lehrten die Schaafe in Heerden zusammenzuhalten und das Vieh zahm
zu machen d).

a) 1 Mose 4, 2. b) 1 Mose 4, 20. c) Diod. Sic. IV.
83. d) Universal-Lex. VI. p. 1869.

Vielweiberey führte Lamech zuerst ein a). Bey den
Römern erkühnte sich M. Anton zuerst, zwey Weiber zu nehmen; der Kayser Valentinian I erlaubte
die Vielweiberey durch ein öffentliches Gesetz und
bestätigte es auch durch sein Beyspiel; aber Theo-
dosius verbot sie wieder durch ein öffentliches Gesetz b).

a) 1 Mose 4, 19. b) Jablonskie Allgem. Lex. 1767.
II. S. 1656.

Viertelstundenglocke; Nürnberg bekam die erste
Viertelstundenglocke im Jahr 1493, sie wurde auf
den Sebalder Thurm gehängt. Im Jahr 1498
wurde auch der Lorenzer Thurm mit einer solchen
Glocke versehen.

Kleine Chronik Nürnbergs. Altdorf. 1790. S. 44.

Vieta (Franciscus) s. Algeber, Gleichung, Kalender
Kryptographie, Mathematik, Rechenkunst.

Vie-

Vieville (De la) s. Papier

Vignola (Jacobus Barozio) s. Perspective, Säulenordnung.

Vigo (Joh. von) s. Pflaster.

Villette s. Brennspiegel.

Vilin s. Korb.

Villard s. Wasserwaage.

Villefranche (Stephan von) s. Rechenkunst.

Villeine (Heinrich von) s. Sprachmaschine.

Villemandy (Peter de) s. Philosophie.

Villeneuve s. Mondsvulkan.

Villiers (von) s. Lampe, Sämaschine.

Vinci (Leonardo de) s. Perspective, Schatten.

Vindac s. Spinnrad mit der doppelten Spuhle.

Vinetus (Elias) s. Sonnenuhr.

Vin-fong. s. Kupfer, Mörser.

Violine s. Geige.

Viper und Viperngift. Der Doctor Franziscus
Redi, erster Leibarzt der Großherzoge Ferdinand II
und Cosmus III in Florenz, der zu Arezzo, einer
Stadt des Großherzogthums Florenz, 1626 geboren wurde, 1697 zu Pisa starb und in Florenz begraben wurde, war der erste, welcher entdeckte,
daß die Viper ihren Gift in gewissen Behältnissen,
in dem obersten Kinnbacken, nahe an den beyden
hervorragenden großen Augen- oder Hunde-Zähnen, verborgen habe. Diese Zähne sind von der
Wurzel an bis in die äusserste Spitze hohl und haben oben eine feine Oefnung. Wenn die Elst-

Q 4   Be-

Behältniſſe voll ſind, ſo bedecken ſie die Zähne faſt
ganz. Redi machte auch die Entdeckung, daß das
Viperngift an ſich nicht tödtlich ſey und ohne Schaden eingenommen werden könnte, und daß es nur
tödtlich ſey, wenn es ſich in einer Wunde mit dem
Blute vermiſche a). Das letztere wußten ſchon
die Scythen, die ihre Pfeile in Viperngift und
Menſchenblut eintauchten, wogegen kein Mittel
zur Rettung war b). Andere ſchreiben die Entdeckung, daß das Viperngift dem Menſchen nicht
ſchade, wenn es eingenommen wird, dem Moſes
Charas, einem Medicus zu Paris, zu, der in
der zweyten Hälfte des 17ten Jahrhunderts berühmt
war c). Den mediciniſchen Gebrauch der Vipern
um Padua zeigte zuerſt Lucretia, Herzogin von
Ferrara d).

> a) Beſchreibung einer Berliniſchen Medaillen-Samm-
> lung von J. C. W. Mochſen. 1773. S. 290-304.
> b) Plin. H. N. Lib. XI. c. 53. c) Jöchers Allgem.
> Gelehrten-Lex. 1750. I. S. 1840. unter Charas.
> Jablonſkie Allgem. Lex. 1767. II. S. 948. d) J.
> A. Fabricii Allgem. Hiſtorie der Gelehrſ. 1754. 3. B.
> S. 289.

Virelay, ein kleines, komiſches Gedicht, deſſen Erfindung Fegallier den Einwohnern der Picardie zu-
ſchreibt.

> Juvenel de Carlencas Geſchichte der ſchönen Wiſſen-
> ſchaften und freyen Künſte, überſetzt von Joh. Erh.
> Kappe. 1752. 2. Th. 2. Kap. S. 25.

Virginien, ein Stück von Nord-Amerika, wurde
zuerſt unter dem König von Frankreich, Franz I
durch Johann Verrazan entdeckt, und nach ihm
wie-

wieder im Jahr 1584 von dem Engländer Walther Raleigh, der den Grund zu der Colonie in Virginien legte.

Buddei Allgem. Histor. Lex. 1709. IV. S. 631.

Pirûes (Christ. von) s. Schauspiel.

Visirkunst ist die Kunst, die Fässer auszumessen, wie viel nämlich Kannen Bier, Wein u. d. g. hineingehen. Sie beruht nicht ganz auf richtigen Gründen, sondern man muß sich damit begnügen, wenn es beynahe zutrifft. Doch haben einige die geometrische Schärfe genauer zu beobachten gesucht. Oughtred betrachtete das Faß als ein Stück von einer elliptischen Sphäroide, andere betrachteten es als ein Stück von einem conoide parabolico; Johann Hartmann Bayer zeigte in seiner vollkommenen Visirkunst, wie volle Fässer, und, in seiner conometria Mauritiana, wie Fässer, die nicht voll sind, zu visiren sind, a). Eine besondere Methode, die Fässer zu visiren, erfand Johann Heinrich Lambert, geb. zu Mühlhausen im Sundgau 1728 gest. 1777 b).

a) Jablonskie Allgem. Lex. 1767. S. 1661. b) Nachrichten von dem Leben und Erfindungen berühmter Mathematiker. 1788. I. Th. S. 173.

Visir-Ruthe ist ein Maaßstab, der in viele Theile getheilt ist, die mit Zahlen bezeichnet sind, welche die im Fasse enthaltene Maaße anzeigen. Man steckt nämlich die Visir-Ruthe durch das Spundloch so weit ins Faß, daß das Ende derselben den Winkel berührt, welchen der Boden mit den Faßdauben in dem von dem Spundloch entferntesten

Thei-

Theile macht. Iſt die Viſirruthe ſo geſtellt: ſo
zeigt die Zahl des Stabes, die ſich in der Mitte
des Spurdlochs befindet, die Maaſe an, welche
ein Faß hält. Der franzöſiſche Mathematiker
Sauveur erfand eine Viſirruthe, womit man bloß
durch die Addition den Inhalt der Fäſſer finden
konnte, da es bey den vorher bekannten Arten zu
viſiren, bloß durch die Multiplication und Divi-
ſion geſchehen konnte. Man findet ihre Beſchreibung in

Sons mathemat. Werkſchule. Vierte Auflage, vermehrt von J. G. Doppelmayr. Nürnberg. 1741.
S. 70.

Vitalianus ſ. Kirchenmelodie, Orgel.

Vitalis (Hieronymus) ſ. Mathematiſches Lexicon.

Viſtay ſ. Kanone, Schießpulver.

Vitellio ſ. Optik, Regenbogen.

Vitriol iſt der Name derjenigen Mittelſalze, welche
aus der Verbindung der Vitriolſäure mit einer me-
talliſchen Baſis beſtehen. Man hat beſonders
drey Arten deſſelben, nämlich den Eiſen- Kupfer-
und Zinkvitriol.

Der Eiſenvitriol iſt ein ſchön grünes Salz,
in durchſichtigen rhomboidaliſchen Kryſtallen, von
einem ſäuerlich zuſammenziehenden, etwas kauſti-
ſchen, Geſchmacke, welches man aus jeder Auflöſung des Eiſens in Vitriolſäure durch Abrauchen
und Abkühlen, oder aus Schwefelkieſen, welche
verwittern, oder auf Schwefelhütten aus den ſchon
erſchöpften Schwefelbränden und an einigen Orten
auch bey der Alaunbereitung gewinnt.

Der

Der Kupfervitriol ist ein Salz in blauen länglich rhomboidalischen oder breiten sechsseitig prismatischen, an den Enden schief abgestumpften Krystallen, von einem zusammenziehend säuerlichen, ätzenden und widrigen Geschmacke, welches Salz man aus der Auflösung des Kupfers in Vitriolsäure, auch aus gerösteten und zerfallenen Kupferkiesen, oder aus gerösteten Kupferrohsteine, wie auch aus dem mit Schwefel gebrannten Kupfer erhält. Hin und wieder findet es sich auch natürlich, entweder in fester Gestalt, oder aufgelöset, als Cementwasser.

Der Zinkvitriol, weiße, goslarische Vitriol, das weiße Kupferwasser oder Gallitzenstein, ist ein Salz von weißen, vierseitig prismatischen Krystallen, wovon zwey entgegengesetzte Seitenflächen breiter, als die andern, sind, mit vierseitig pyramidalischen Endspitzen; es hat einen zusammenziehenden, säuerlichen, beizenden Geschmack und wird im Großen besonders zu Goslar aus einem Zinkerze des Rammelsbergs bereitet, welches Bley, Silber, viel Schwefel, Eisen- und Kupferkies enthält.

Der Vitriol entstand dadurch, daß man die Alaunarten der Alten auslaugte und das martialische Salz krystallisirte, welches nun Vitriol hieß.

Eine vitriolische Erde oder ein solcher Vitriol, der sich selbst in Gruben bildet, war den Alten bekannt; der Vitriol kommt bey ihnen unter dem Namen glumen vor. Plinius erzählt, jedoch als eine Seltenheit, daß man in Spanien blauen Vitriol siede; hieraus erhellet, daß unser Kupfervitriol den Alten bekannt war.

Der

Der Name Vitriol entstand wahrscheinlich aus vitrum oder vitreolum, wegen der Aehnlichkeit, welche die Vitriol-Kryſtalle mit dem Glaſe haben, und die ſchon Plinius bemerkt hatte. Man glaubt, daß der Name Vitriol im eilften oder zwölften Jahrhundert aufgekommen ſey, und daß Albertus magnus der erſte ſey, bey dem ſich der Name vitreolum findet.

Der weiße Vitriol, Zinkvitriol, Gallitzſtein, Augenſtein, der ein mit Vitriolſäure vereinigter und kryſtalliſirter Zink iſt, der zu Goslar bricht, wurde 1570 von dem Herzog Julius zu Braun-ſchweig erfunden und Erzalaun genannt a). Er wird aus den Silber- und Bleyerzen, wenn ſolche einmal geröſtet und gebrannt ſind, durch Sieden und Auslaugen bereitet. Man hat ihn lange ver-fertiget, ohne ſeine wahre Zuſammenſetzung zu ken-nen, welche Geoffroy 1727 zuerſt muthmaßete, aber Brandt 1735 zuverläßig entdeckte. b).

a) Jacobſon technol. Wörterbuch. II. S. 7. unter Gal-litzenſtein. b) Gehler. phyſikal. Wörterbuch. IV. S. 486.

Vitrometer, vitrometrum; dieſes für die Dioptrik, beſonders zur Verfertigung achromatiſcher Fernröh-ren, ſehr wichtige Inſtrument, welches dazu dient, die Brechungs- und Zerſtreuungs-Kraft jeder Gat-tung Glaſes zu beſtimmen, wurde von dem Pater Boscowich († 1787) erfunden, der es 1767 be-kannt machte.

Nachrichten von dem Leben und Erfindungen berühm-ter Mathematiker. 1788. I. Th. Münſter. S. 39.

Vitruv

Vitruv s. Mathematik, Musik.

Vivos (Ludovicus) s. Philosophie.

Voiänt s. Physik.

Vocalzeichen, Vocalpünkte. Die Vokalzeichen der Hebräer wurden nicht eher erfunden, als bis die hebräische Sprache aufgehört hatte, die Muttersprache der Juden zu seyn und man also fürchten mußte, daß die richtige Aussprache verloren gehen könne. Dieß geschah gegen das fünfte und sechste Jahrhundert, wo die Kritiker aus der Schule zu Tiberias die Vokalzeichen erfanden; ob sie aber deren anfänglich nur drey oder gleich fünf erfanden, ist ungewiß. Im siebenten, besonders im zehnten Jahrhundert zogen die Juden nach Spanien, wo sich ihre Aussprache durch den Umgang mit den Spaniern verfeinerte; sie lernten so, wie die Spanier, ihre Vocalzeichen lang und kurz aussprechen, wobey sie es aber nicht einmal bewenden ließen, sondern auch noch besondere Zeichen zum Ausdruck der kurzen Vokale erfanden a). Ben Asser in Palästina, der auch R. Aaron Ben Mose heißt, und Ben Naphthali in Babylonien, der auch R. Moses Ben David heißt, gedenken der Vokalzeichen der Hebräer zuerst mit deutlichen Ausdrücken. Beyde lebten in der ersten Hälfte des XI Jahrhunderts b).

Die Syrer hatten lange Zeit, wie mehrere morgenländische Völker, gar keine Vocalzeichen, sondern nur drey Vocal-Buchstaben. Ihre fünf Vocalzeichen, die wir noch haben, wurden ohne Zweifel erst im achten Jahrhundert von dem Theophilus Edessenus erfunden. Dieser Vocale den

Homer

Homer aus dem Griechischen ins Syrische übersetzen, konnte aber die Aus Hauptvocale der Griechen, welche in den griechischen Nominibus propriis vorkamen, mit seinen drey syrischen Vocal-
Buchstaben nicht ausdrücken, daher brauchte er
die letztere gar nicht, sondern schrieb die in den griechischen Nominibus propriis vorkommenden Conso-
nanten mit syrischen Charakteren hin, und die griechischen Vocale drüber und drunter. Nach der
Zeit gewöhnte man sich an, fünf Vocalböye und behielt, zum Ausdruck derselben, auch in andern
Schriften diese griechische Vocale bey. So erhielten also die Syrer im achten Jahrhundert gleich
fünf Vocalzeichen c).

Die Araber hatten nur drey Vocal-Buchstaben; die Vocalzeichen bekamen sie erst spät. In
den ersten Jahrhunderten nach Muhammed, wo
die Araber noch mit Kuphischer Schrift schrieben,
hatten sie eine von der jetzigen verschiedene Puncta-
tion, welche die Vocale durch rothe Puncte andeutete d).

a) W. F. Hezels hebräische Sprachlehre. Halle 1777.
S. 122. folg. b) W. F. Hezels Geschichte der he-
bräischen Sprache und Literatur. Halle 1776. S.
103. c) Hezels hebräische Sprachlehre. S. 216.
d) Neues Repertorium für biblische und morgenländische Literatur von Paulus. 1790. VII. S. 247-
272.

Vögel, Aufbewahrung der natürlichen Vögel. Herr
Fromshof de Verray hat eine Kunst erfunden, die
Vögel besser, als durch das gewöhnliche Ausstop-
fen, geschehen konnte, vor der Zerstörung zu ver-
wah-

wähten; er stellt nemlich die ganze Figur der Vögel auf dem Papier natürlich vor, indem er die natürlichen Federn des Vogels auf dem Papiere künstlich zusammensetzt; die obere Haut von den Beinen, die Klauen und den Schnabel durch einen Firniß vor den Insekten sichert und an den gehörigen Orten ansetzt, so daß das Ganze einer künstlichen Malerey gleicht a). Herr Chaptal erfand die Kunst, die Vögel mit Aether aufzubereiten und vor der Verwesung zu bewahren b). Vergl. Firniß.

a) Gothaischer Hof-Kalender. 1783. Lichtenbergs Magazin 1782. I. B. 3. Stück. S. 148. Königl. Großbrittanischer Geneal. Kalender. Lauenburg. 1784.

b) Lichtenbergs Magazin. IV. B. 2. St. S. 69. 1787.

Vögel, künstliche. Der Kayser Konstantin Porphyrogenitus, der unter der Vormundschaft der Mutter Zoe regierte, schickte 916 n. C. G. an den Kalifen Moktader Billah eine ansehnliche Gesandschaft, welche die Auswechselung der Gefangenen bewerkstelligen sollte; diese Gesandten wurden vom Kalifen zu Bagdad herrlich empfangen, unter andern war unten im Saal ein Baum von gediegenem Golde, der 18 Hauptäste hatte, auf denen goldene und silberne Vögel saßen, die mit den Flügtigen schlugen und allerhand Stimmen von sich gaben; alle Anwesende konnten sich nicht satt daran sehen und die Kunst des Werkmeisters nicht genug bewundern, der eine solche seltene Maschine erfunden hatte.

Marigny Geschichte der Kalifen. 3. Th. S. 206.

Vogel-

Vogelbauer, die bekannten Behältnisse, worinne man Vögel aufbewahrt, waren schon zur Zeit des Jeremias gewöhnlich a). Bey den Römern soll M. Lälius Strabo zuerst Vogelbauer, oder vielmehr Vogelhäuser, erdacht haben, worinne er viele Arten Vögel fütterte. b). Einen gläsernen Vogelbauer, in dessen inwendigem Raume ein Vogel lebte, und in dessen äußerem Raume Fische umher schwammen, gab Leonhard Thurneisser in der letzten Hälfte des 16ten Jahrhunderts, an, und ließ ihn auf der Glas- hütte zu Grimniz verfertigen. Das Behältniß für den Vogel bestand aus einer geräumigen, unten abgeschliffenen Kugel, die auf einem Untersatze stand, um welchen wieder ein mit Wasser ange- fülltes großes Behältniß herum lief, worinn die Fische schwammen c).

a) Jerem. 5, 27. b) Polyd. Vergil. III, 7. c) Beyträge zur Geschichte der Wissenschaften in der Mark Brandenburg von Moehsen, 1783. S. 183. 184. in Thurneissers Lebensbeschreibung.

Vogelfang s. Jagd.

Vogelhaus, Vogelherd, erfand M. Lälius Strabo, ein Ritter in Brundusium. S. Vogelbauer.

Vogelschießen s. Armbrustschießen, Büchsenschießen.

Vögler (Abt) s. Orchestrion, Orgel.

Voglie s. Brücke.

Vogt s. Dreschmaschine.

Voigtel (Nicol.) s. Markscheidekunst.

Voiture s. Theaterkunst.

Voiture (Vincent.) s. Rondeau, Sonnet.

Volero (P. Publius) s. Rechtsgelehrsamkeit.

Deutsch   Vola

Volger (D.) s. Scharlach.

Voll (Georg) s. Regalwerke.

Volta (Aler. von) s. Brennbare Luft, Electrometer, Electrophor, Eudiometer, Kondensator, Pistole.

Volumnius s. Schauspiel.

Vorgebirge ist der Name desjenigen Theils eines Landes, welcher in die See hineinraget, daß man ihn von weitem sehen kann.

Das Vorgebirge der guten Hofnung hatten die Phönizier schon mehr als 600 Jahre vor Christi Geburt umschifft, nachher wurde es aber nicht wieder umsegelt. Im Jahr 1420 n. C. G. scheint es jedoch schon den Portugiesen bekannt gewesen zu seyn, denn auf Befehl des Königs Alphonsus V verfertigte der Camaldulenser Mönch Mauro i. J. 1457 in Venedig ein Planisphärium auf Pergament, worauf wirklich das Vorgebirge der guten Hofnung, unter dem Namen cabo de diavo, angegeben ist, mit der Anmerkung, daß ein Schiff im Jahr 1420 so weit gekommen sey a). Nachher wurde es im Jahr 1486 von dem Portugiesen Bartholomäus Diaz, seinem Bruder Petro und dem Infant Johann wieder entdeckt, aber nicht umfahren, denn Stürme, Hungersnoth und Empörung des Schiffsvolks nöthigten den Diaz, wieder nach Portugal zurückzukehren. Diaz gab diesem Vorgebirge deswegen den Namen cabo tormentoso, das stürmische Vorgebirge, aber der König von Portugal, Johann II nannte es das Vorgebirge der guten Hofnung, weil ihm die Entdeckung desselben die

R beste

beste Hofnung machte, den Weg nach Ostindien zu finden, den die Portugiesen damals suchten b). Im Jahr 1496 kam Vasco de Gama an dieses Vorgebirge und umsegelte es zuerst, und im Jahr 1653 kauften die Holländer den Kaffern daselbst ein Stück Land ab c).

Das Vorgebirge Bojador, in Zarah oder in der barbarischen Küste von Afrika, wurde 1433 von den Portugiesen entdeckt d).

Das Vorgebirge da Consolaçao oder San Augustin in Brasilien wurde am 26. Jenner 1500 von Vincent Yanez Pinzon entdeckt.

Das Vorgebirge Hoorn auf Terra del Fuogo entdeckte der Holländer Jacob de Maire, der aus der Stadt Hoorn gebürtig war, im Jahr 1616 e).

a) Reichs-Anzeiger. 1796. Nr. 23. S. 232. b) Schroeckh. Geschichte für Kinder. IV. 1. p. 452. 453. c) Reichel Geographie für Schulen. S. 344. d) Schroeckh. Geschichte für Kinder. IV. 1. 488. e) Hübners Zeitungs-Lex. 1752. S. 983.

Vorrücken der Nachtgleichen. Mit diesem Namen bezeichnet man die scheinbare Bewegung aller Firsterne, durch welche die Länge eines jeden jährlich etwa um $50\frac{1}{3}$ Secunde, oder in $71\frac{1}{2}$ Jahren um einen Grad vergrößert wird.

Die Firsterne scheinen hierbey nur so fortzurücken, daß sich nur ihre Länge ändert, indeß ihre Breite, oder ihr Abstand von der Ekliptik ungeändert bleibt. Oder, welches eben so viel ist, sie scheinen in Kreisen fortzugehen, welche mit der Ekliptik parallel laufen, so daß es das Ansehen hat,

hat, als drehten sie sich um der Ekliptik Pole. Die einsichtsvollesten Astronomen nehmen an, daß dieses blos von einer Verrückung des ersten Punkts der Ekliptik herrühre, von welchem man die Längen zu zählen anfängt. Auch erfordert es das System des Copernikus nothwendig, diese Erscheinung blos aus diesem Gesichtspunkte zu betrachten. Eigentlich ist zwar diese Bewegung der Nachtgleichen mehr ein Rückwärtsgehen, man ist es aber einmal gewohnt, ihr den Namen des Vorrückens der Nachtgleichen zu geben.

Hipparch fand schon 128 Jahr vor Christi Geburt die Längen der Sterne in Ansehung der Aequinoctialpunkte über 2 Grad größer, als sie Timocharis und Aristyllus 294 Jahr v. C. G. bestimmt hatten. Eben dieses Zunehmen der Längen zeigte sich aus Vergleichung seiner Beobachtungen mit des Eudoxus Beschreibung der Sphäre, die sich auf noch ältere Zeiten bezog. Seit diesen Zeiten bis jetzt (in einem Zeitraume von 2200 Jahren) haben die Längen der Sterne um mehr als 30 Grad zugenommen. Sehr sinnlich wird dieses an den Sternbildern des Thierkreises, welche jetzt nicht mehr in den Zeichen oder Theilen der Ekliptik stehen, wo sie sich ehedem befanden, sondern in die nächstfolgenden übergegangen sind, daher man die wirklichen oder ungebildeten Zeichen des Thierkreises von den gebildeten d. i. von den Sternbildern, deren Namen sie führen, zu unterscheiden hat.

Da alle Hülfsmittel der Sternkunde, welche die Stellungen der Firsterne gegen Aequator und

Eklip-

Ekliptik angeben, nur für eine gewisse Zeit gelten
und man z. B. bey Himmelskugeln die Weltpole
verrücken müßte, wenn man ältere Globen für
neuere Zeiten, oder neuere Globen für ältere Zeiten richtig brauchen wollte, so haben einige Astronomen bey den Himmelskugeln auf solche
Vorrichtungen gedacht, wobey man die Stellung
der Weltpole der Zeit gemäß verändern kann. Caß-
sini machte 1708 bekannt, daß er ein Modell hierzu erfunden habe, auch Lomiz verfertigte eins,
welches Herr Kästner besitzt, und Herr von Segner
hat 1775 noch einen andern Vorschlag hierzu gethan.

Die alten Systeme, welche die Firsterne sehr
nahe annahmen, und in eine hohle Sphäre ein-
schlossen, sahen das Vorrücken der Nachtgleichen
als eine wirkliche Bewegung dieser Sphäre an.
Copernikus hob aber die alte Vorstellung gänzlich
auf und betrachtete die Erscheinung als eine Bewegung der Aequinoctialpunkte. Man war lange
Zeit vergeblich bemüht, ihre Ursache durch mancherley Hypothesen zu erklären. So viel sahe man
ein, daß die Erscheinung eine ähnliche Ursache mit
dem Rückgange der Knotenlinien haben müsse, d.
i. so wie man die Durchschnitte der Planetenbahnen
mit der Ebne der Ekliptik Knoten dieser Bahnen
nennt, so kann man sich die Durchschnittspunkte
des Aequators mit der Ekliptik, oder die Punkte
der Nachtgleichen, als Knoten des Aequators vorstellen. Da nun der Aequator nichts anders ist,
als die Ebne, in welcher die tägliche Umdrehung
der Erde geschieht, so sind die Nachtgleichen in der
That die Knoten der täglichen Erdumdrehung.

Rew-

Newton löste endlich durch seine fürtrefliche Mechanik der himmlischen Bewegungen auch dieses Räthsel auf. Er zeigte, daß die Gravitation der nicht vollkommen sphärischen, sondern um die Pole abgeplatteten, Erde gegen Sonne und Mond, die Knotenlinie der täglichen Umdrehung beständig zurücktreiben müsse.

Die Berechnung des Vorrückens der Nachtgleichen gehört zu dem Schweresten in der physischen Astronomie. Newton hatte hierbey vieles unerwiesen oder untrichtig angenommen, was d' Alembert 1749 verbesserte und diese Aufgabe zuerst vollständig auflösete.

Gehler physikal. Wörterbuch. IV. S. 496. folg.

Vorsichtspulver, poudre de la providence, das zur Vermehrung allerley Gattungen Winter- und Sommerfrüchte dienen soll, erfand der französische Major De St. Maniere a). Auch machte Brogniart in Frankreich vor 15 Jahren bekannt, daß er ein Vegetativpulver, poudre de la providence, erfunden habe, wodurch man die Hälfte des auszustreuenden Saamens erspare und dem Brande im Getraide vorbeugen könne. Er nimmt fünf Eymer Wasser und etwas ungelöschten Kalk, wenn dieses so heiß ist, daß man nur schwerlich die Hand darinne halten kann, gießt er dieses auf einen Setier Getraide und setzt 2 Unzen von obengenanntem Pulver hinzu. Cadet de Veaur hat dieses Pulver untersucht, es besteht aus Weinstein und Salpeter, der mit einer brennenden Kohle verpufft wird, dann werden nach dem Verpuffen noch einige Gran Salpeter

R 3 peter

peter und Sal marinum hinzugesetzt. Vier Pfund
von diesem Pulver auf einen Setier Getraide würden nach des Herrn Cadet Meynung eine Düngung
abgeben, aber 2 Unzen können nichts bewirken.
Nach des Cadet Urtheile werden die oben genannten Vortheile lediglich durch das Einweichen des
Saamens in Kalkwasser erreicht und er hält dieses
Verfahren für das einzige, das dem Landmanne
zur Verhütung des Brandes erlaubt seyn sollte.
Die Einweichung dauert 24 Stunden, das Wasser
welches der Saame einschluckt, befördert die Ent-
wickelung des Keims, besonders wenn die Einweichung einige Tage vor der Aussaat geschieht. Ein
solches mit Kalktheilen geschwängertes Korn greifen die Insecten nie an, weil sie den Kalk nicht
vertragen können. Da die Körner durch das Einweichen aufschwellen, braucht man auch weniger
Saamen. Die eingeweichten Körner müssen von
Zeit zu Zeit umgerührt werden. Ist der Ort oder
die Witterung kalt, so unterhält man die anfäng-
liche Wärme durch Zudecken. Nach 24 Stunden
zieht man den Zapfen aus dem Troge und wenn das
Wasser ganz abgelaufen ist, breitet man das Korn
an der Luft aus, wenn es nach einigen Stunden
gesäet werden soll; wo nicht, so legt man es auf
Haufen, die man täglich umschaufelt, damit es
sich nicht erhitzt und doch Feuchtigkeit behält b).

a) Wittenbergisches Wochenblatt. 1775. 24tes Stück.
b) Oekonomische Hefte. 1795. October. S. 264.

Vouet (Simon) s. Malerkunst, Pastell-Mälerey.
Vulkan s. Bildgießerkunst, Eisen, Feuer; Gesetze,
Hammer, Metallurgie, Ofen, Schmiedekunst.

Vul-

Vulkane, feuerspeyende Berge, sind Berge, welche von Zeit zu Zeit glühende und calcinirte Steine,
geschmolzene glühende Materien, Wirbel von Rauch
und Flammen, oft bis zu ansehnlichen Höhen aus-
stoßen und um sich werfen, wodurch zuweilen große
Strecken Landes verwüstet werden. Der Anblick
eines tobenden Vulkans wird von den Beobachtern
als das fürchterlichste, aber auch erhabenste Schauspiel der Natur beschrieben, und die Wirkungen
davon erfolgen mit einer bewunderungswürdigen
Gewalt. In den ältesten Zeiten brannten die Vulkane häufiger als jetzt und haben zur Bildung und
Veränderung der Oberfläche der Erde vieles beyge-
tragen. Der Ausbruch der brennenden und geschmolzenen Materie geschieht allezeit aus einer Oefnung oder aus einem Schlunde, den man den Crater nennt. Die Materien selbst fließen entweder
als Ströme von Lava an den Seiten herab, oder
sie steigen hoch in die Luft und fallen als ein Hagel
herab, der sich zu einem Kegel aufhäuft, wie der
in der Sanduhr herabfallende Sand einen kleinen
Hügel bildet. Inzwischen bleibt der Canal, wo
der Ausbruch geschieht, offen und der Crater erhält
dadurch die Gestalt eines hohlen, kegelförmigen
Bassins, welches sich nahe bey der Spitze des
durch die Auswürfe gebildeten Kegels befindet.
Wenn auch der Ausbruch eines solchen Feuers auf
dem platten Lande geschieht, so bildet die ausgeworfene Materie doch bald einen höheren oder nie-
drigeren kegelförmigen Berg, daher alle fortdau-
ernde Ausbrüche dieser Art aus Bergen geschehen.

Der

Der Vesuv, nahe bey Neapel, beweiset dieses durch seine Gestalt. Er besteht aus einer von den Apenninen ganz abgesonderten Masse vulkanischer Berge, die sich mitten aus einer Pläne erhebt und augenscheinlich das Werk einer einzigen Oefnung ist, die ehedem im Mittel stand. Eine große Katastrophe, vielleicht die im Jahr 79 n. C. G. die Herculanum und Pompeji verschüttete und dem ältern Plinius das Leben kostete, hat den alten Gipfel eingestürzt und es ist nur ein Theil des Randes von dem ehemaligen großen Crater stehen geblieben, nemlich die Berge Somma und Ottajano, welche den jetzigen Vesuv auf der Nordseite in Form eines Halbkreises umgeben, und von ihm durch das halbkreisförmige Thal Atrio del Cavallo abgesondert sind. Der jetzige Kegel in diesem Thal ist erst seit Entstehung der neuen Oefnung gebildet worden.

Die Städte Herculanum und Pompeji wurden schon im Jahr 63 n. C. G. durch ein fürchterliches Erdbeben erschüttert, aber am 24ten August, im Jahr 79 n. C. G. durch den schrecklichen Ausbruch des Vesuvs mit einer unglaublichen Menge schwarzgrauer Asche, die mit Bimstein- und Kalksteinstücken untermengt war, ganz verschüttet. Dio Cassius erzählt, es sey zu der Zeit geschehen, wo man im Schauspielhause war, die Asche habe die Sonne verdunkelt, und sey bis Rom, ja bis Syrien und Egypten geflogen. Herculanum ward über dem Theater nach und nach auf 74, und näher nach dem Meere zu auf 110 Fuß hoch, durch wiederholte Ausbrüche, mit Lava bedeckt. Diese

Lagen

Lagen blieben aber immer eine Zeitlang frey, auf
der Oberfläche liegen und wurden zur Cultur fähig,
denn es fand sich zwischen ihnen immer etwas
Dämmerde.   In späteren Zeiten wurden Portici
und Resina über diese Stelle gebaut.   Im Jahre
1706 fand man zufällig beym Graben einige Sta-
tuen, die eine verschüttete Stadt vermuthen ließen,
aber die Regierung verbot das weitere Nachsuchen.
Erst 1738, da König Karl das Eigenthum dieses
Platzes kaufte, fand man die ganze Stadt wieder,
ward gewiß, daß sie das alte Herculanum sey,
füllte aber die Plätze, so bald die beweglichen
Merkwürdigkeiten herausgeschafft waren, zur Si-
cherheit der darüber stehenden Gebäude wieder aus,
und ließ blos die Schaubühne offen, zu deren Parterre man jetzt von der Erde 80 Stufen hinabsteigt.
Die Masse, welche Herculanum verschüttete, muß
flüßig gewesen seyn, weil sie auch das Innere der
Zimmer ausfüllte; Pompeji hingegen ist mit trockner Asche, Bimstein und granatähnlichen Krystallen bedeckt, die nicht ins Innere der Häuser dran-
gen.   Ueberhaupt fand man in Pompeji alles besser erhalten und ließ auch alles, was man seit
1755 entblößt hat, offen, so daß Gebäude, Tempel, Schaubühnen u. s. w. am hellen Tage besehen
werden können.   Schon die alte Stadt ist auf
einer dreyfachen Schicht von Lava erbaut und ihre
Straßen sind mit Lava gepflastert.   Auch Stabiä,
wo der ältere Plinius umkam, ist nur mit Asche
bedeckt.   Die Alterthümer, die man daselbst fand,
brachte man in das königliche Museum zu Portici
und warf die Stellen wieder zu.   Seit diesem

R 5   gros-

großen Ausbruche des Vesuvs zählt man deren noch sehr viele und allein in gegenwärtigem Jahrhundert zwölf bis dreyzehn.

Duchanoy 2) beschrieb den fürchterlichen Ausbruch des Vesuvs vom Jahr 1779, wovon hier ein kurzer Auszug folgt.

Der Crater des Vesuvs war 1779 zirkelrund, und mochte etwa 90 Schritt im Durchmesser haben. Mitten aus ihm erhob sich ein kleiner Berg, der etwa 100 Schritt hoch war, und 40 im Durchmesser hatte. Aus diesem kleinen Berge, der gleichsam den Schornstein des Vulkans ausmachte, stieg schon im May 1779 alle halbe Viertelstunden eine 10-12 Schuh starke Feuersäule auf, die sich fast 250 Schritt hoch über den Berg erhob, und einen Regen von verbrannten Erden, halbcalcinirtem Sande, Harz und Asche verbreitete. Vor und nachher hört man ein starkes Brausen, und der Knall der Explosion selbst glich einem Kanonenschusse. So oft die Materie im Innern des Bergs aufstieg, um eine Explosion zu verursachen, erhob sich am Fuße des Kegels ein Hügel von Erde, der 6-12 Schuh in die Höhe stieg, und dadurch die eine Seite des Kegels gegen sich zog. Dieser Hügel blieb im Augenblicke der Explosion stehen, und da diese in zween bis dreyen kurz auf einander folgenden Stößen bestand, so sahe man in den kurzen Pausen zwischen denselben den Hügel sinken, und wieder steigen, bis er sich nach geendigter Explosion wieder in die Ebne des Craters wieder senkte. Diese Erscheinung hatte völlig das Ansehen einer

Blase,

Blase, die sich vom Athem erweitert und verengert, und kam von einer neuen Lava ſher, welche unter der ſchon hart gewordenen Kruſte einer kurz vorher ausgebrochenen Lava, die den Crater damals bedeckte, einen Ausgang ſuchte; auch nachher ſich denſelben an der Seite etwa 5=600 Schuhe weit vom Crater, wirklich eröfnete. Wenn der Hügel wieder einſank, ſo hörte man dieſe Lava ſehr deutlich abfließen und durch Spalten in das Innere des Berges zurückgehen. Im Auguſt 1779 wurden die Exploſionen immer ſtärker und häufiger. Am 8ten Auguſt Abends bildete der aufſteigende Rauch eine ungeheure Maſſe, wie eine ſtillſtehende Wolke, worinn man eine Feuerſäule bemerkte, vermengt mit einer Menge großer Steine, welche nach ihrem Falle vom Berge herab rollten.

Mit Einbruche der Nacht ſprißte ſchon alle halbe Minuten ein neuer Strom brennender Materie hervor, der endlich ſo ſtark ward, daß er eine gerade Richtung nahm, und dem Winde gar nicht mehr nachgab. Gegen $8\frac{1}{2}$ Uhr folgten die Exploſionen faſt ununterbrochen auf einander; die Feuerſtröme, die nun den ganzen Crater zur Grundfläche hatten, ſtiegen in pyramidaliſcher Form auf eine unglaubliche Höhe, ſchütteten eine Menge brennender Materien herab, und verbreiteten einen Rauch, der das Licht des Feuers zurückwarf, und den Glanz des ganzen Schauſpiels erhöhete. Endlich hörte man um $9\frac{1}{2}$ Uhr eine ſchreckliche Exploſion, ſtärker als den Knall des gröbſten Geſchüßes, und mit ihr ſtieg ein dicker ſchwarzer Rauch in die

Luft,

Luft, der einen Theil des Craters mit sich führte.
In wenig Augenblicken zeigte sich durch diesen
Rauch die Feuersäule wieder, welche sich nun auf
eine Höhe erhob, die man dreymal größer, als
die Höhe des ganzen Berges, d. i. auf 6000 Schuh,
schätzen konnte. Die Masse des Rauchs nahm
ihre Hauptrichtung auf den Somma und Ottojano
zu, stieg aber so hoch, daß man zu Neapel und
überall in der Nähe glaubte; sie erreiche den Schei-
tel und werde alles unter Steine und Asche begraben. Sie zeigte nach allen Richtungen wirbelnde
Bewegungen, und theilte sich in Gruppen, die
von dem Feuer und den überall hervorschießenden
Blitzen auf tausend verschiedene Arten erleuchtet
wurden. Die Feuersäule war so stark, als ob die
Erde einen Theil ihrer brennenden Eingeweide auswürfe. Der Regen von brennenden Materien ver-
stärkte noch ihre scheinbare Größe, und das Meer,
das ihren Glanz zurück warf, glich dem eröfneten
Schlunde der Hölle.

Bey diesem Lichte konnte man in Neapel die
kleinste Schrift lesen. Die unten senkrechte Säule
bog sich am obern Ende; ein Theil von ihr ward
vom Winde in die Ferne geführt, ein andrer fiel
auf den Vesuv und das Atrio del Cavallo zurück,
welche davon wie in einen feurigen Schleyer ver-
hüllt wurden. In wenig Augenblicken verwandelte
sich der Berg in eine feurige Halbkugel, und ver-
schwand endlich ganz in einem glühenden rasenfarb-
nen Dampfe, der sich mit keinen Worten beschreiben läßt. Wenn man sich eine feine durchsichtige
                                        rosen-

rosenfarbene Atmosphäre, und in ihrer Mitte einen
Berg von lebhaft rothem, heftig bewegten Feuer
vorstelle, so hat man nur eine schwache Anlage zu
der Idee dieses Schauspiels, dessen Größe noch
durch keine Schilderung eines Malers ausgedrückt
werden konnte.   Alles schien so in einander geflos-
sen, daß man glauben mußte, der Berg sey ver-
schlungen oder in die Luft geworfen worden.   Die
Feuersäule und Rauchmasse wurden auf allen Seiten von Blitzen durchschnitten, die theils aus der
Erde, theils aus der Luft zu kommen schienen.

Das Ganze stellte eine brennende Wolke vor,
aus der ein unaufhörlicher Feuerregen überall Tod
und Verwüstung drohte.   Hin und wieder fielen
Steine von ungeheurer Größe, deren Fall 25 Secunden lang dauerte, ob sie gleich bey weitem nicht
so hoch, als die kleinern, stiegen.   Mit solchen
Steinen schien das Thal des Somma ganz verschüttet.   Die Gesträuche und Kastanienwälder
des Ottajano entzündeten sich augenblicklich durch
die glühenden Steine und Blitze.   Die Stadt Ottajano ward am meisten vom Feuerregen beschädi-
get.   Dennoch hörte dieser schreckliche Ausbruch,
nachdem er etwa 37 Minuten gedauert hatte, binnen zween Minuten gänzlich auf.   Man sahe den
Berg fast in seiner vorigen Gestalt wieder, aber
ganz mit glühenden Steinen bedeckt, die noch einen guten Theil der Nacht hindurch leuchteten.
Da aber kein eigentlicher Strom von Lava ausgebrochen war, so legte sich auch das Toben des Berges noch nicht; und es gab in den folgenden Tagen
noch

noch Explosionen, die der jetzt beschriebenen nicht
viel nachgaben. Diese Schilderung wird hinrei-
chend seyn, um sich von dem eben so furchtbaren
als erhabenen Schauspiele eines feuerspeyenden Berges einige Vorstellung machen zu können.

Die Laven, mit deren Ausbruche das Toben der
Vulkane gewöhnlich nachläßt, fließen entweder wie
ein Schaum aus dem Crater selbst hervor, oder
sie brechen an den Seiten oder am Fuße des Berges, schon mehr geronnen, mit einem heftigen
Knalle, aus. Sie bilden einen Strom dickflüssi-
ger geschmolzener Materie, dessen Geschwindigkeit
im Anfang am größten ist, selten aber über drey
Tausend Fuß in einer Stunde beträgt. An der
Luft wird die Oberfläche bald hart, und trennt sich
in Stücken, die auf die Seite fallen und eine Art
von Kanal bilden, in welchem der noch flüssige
Theil fortgeht. Dieser Kanal wird weiter hin immer breiter, bis endlich die Oberfläche ganz erhär-
tet, da die Lava nur noch auf dem Grunde fließt
die oben schwimmenden festen Stücken mit sich fort-
führt, und das Ganze einem fortrollenden Stein-
haufen ähnlich macht. Die Ströme der Laven sehen im Dunkeln glühend aus, am Tage aber zeigt
sich nur ein weisser Rauch. Die Hitze ist am Orte
des Ausbruchs so stark, daß man zuweilen nach
einem Jahre die Hand noch nicht auflegen kann.
Die Oberfläche glüht mehrere Tage und das Innere
oft Monate lang, oder bleibt doch so heiß, daß
ein Stock, mit dem man die äussere Rinde durch-
sticht, brennend herausgezogen wird. Die ganze

Ge-

Gegend um Neapel ist vulkanisch; dieses beweisen das, 1490 Schuh lange, und 900 Schuhe breite Feld, Solfatara, dessen Grund hohl und mit locker weißer Erde bedeckt ist, aus der an vielen Stellen ein schweflichter Dampf aufsteigt, der die blauen Farben der Pflanzen roth färbt. Schon zu des Plinius Zeit hat man aus dem Boden und Wänden dieses Feldes Schwefel bereitet b). Wenn man jetzt an die Stellen, wo die Schwefeldämpfe am häufigsten aufsteigen, kleine Thonhaufen führt, so erhält man Alaun. Am Fuße der Anhöhe gegen N. O. laufen bey Pisciarelli zwo heiße Quellen mit hepatischen, nach Alaun schmeckenden Wasser aus, die auch schon dem Plinius bekannt waren c). Der See Agnano war vermuthlich ein alter Crater, so wie auch der nebenstehende Berg Astruni ein vielleicht noch später entstandener Vulkan gewesen zu seyn scheint. Der Monte nuovo ward erst am 29. Sept. 1538 aufgeworfen. Das Meer zog sich zurück und es brachen aus einer Oefnung Flammen hervor, welche Rauch und Asche auswarfen. In 48 Stunden ward eine Erhöhung von 2000 Fuß und einer halben Meile im Umfange zusammengehäuft, welche die Mündung verstopfte. Der dabey liegende Monte Barbaro oder Gauro ist deutlich ein alter Vulkan. Auch giebt es in dieser Gegend mehrere Moffeten d. i. Hölen und Oerter, wo sich tödtende Luft entwickelt. Ein merkwürdiges Beyspiel davon ist die Grotta del Cane am See Agnano; die fixe Luft auf dem Boden dieser Höle löscht Lichter aus und tödtet Thiere. Eine ähnliche Moffete zeigte sich vor dem Ausbru-

ch:

che des Vesuvs 1767 in der königlichen Capelle zu Portici, und tödtete einen Bedienten, der die Thür öffnete; auch bemerkte Hamilton um eben die Zeit eine gleiche in einem Thiergarten daselbst.

Kircher d) hat durch die gesammelten Zeugnisse der Alten bewiesen, daß der Aetna oder Monte-Gibello in Sicilien von den ältesten Zeiten her gebrannt habe. Auch Virgil gedenkt e) der aus ihm fließenden Laven. Von 1447 bis 1536 war dieser Berg so ruhig, daß man schon die ältern Berichte in Zweifel zu ziehen anfieng; aber in diesem letzten und den folgenden Jahren flossen starke Laven, bis endlich 1669 und 1693 die schrecklichsten Ausbrüche erfolgten, die vornemlich durch die dabey entstandenen Erdbeben verderblich wurden. Diese Erdbeben verschlangen 1693 in drey Tagen 46 Städte und mehrere Landgüter, und kosteten mehr als 90,000 Menschen das Leben. Die letzten stärkern Ausbrüche sind in den Jahren 1755. 1766. 1769 und 1787 erfolgt. Die Laven des Aetna sind weit stärker, als die vom Vesuv; ihre Ströme erreichen oft eine Länge von mehrern Meilen und haben bis 50 Fuß Tiefe. Sie fließen gewöhnlich ins Meer, und bilden steile Küsten mit Gruppen von sehr unregelmäßigen Gestalten. Der Aetna ist ein Berg von hohem Alter, und von so beträchtlicher Höhe, daß der Schnee auf seinem Gipfel nicht schmelzt. Der große Crater desselben hat gegen eine halbe Meile im Umfange. Man sieht aber an den Seiten und am Fuße des Berges mehr als 40 kleinere Kegel mit ausgehöhlten Gipfeln,

pfeln; welche aus eben so vielen durch die Haupt-
masse des großen Berges ausgebrochenen Feuer-
schlünden entstanden sind. Aus diesen Oefnungen
sind die Laven ausgeflossen, welche die ganze um-
liegende Gegend bedecken und sich durch ihre aus-
nehmende Fruchtbarkeit auszeichnen. Auch hier
findet man zwischen den Lagen von Lava Schichten
von Dammerde.

Die Liparischen Inseln, nordwärts von Sicilien, machen eine ganze Sammlung theils alter,
theils noch brennender, Vulkane aus, worunter
Volcano und Stromboli die vornehmsten sind.

Der Hekla in Island hat in älteren Zeiten bis
1693 häufig Feuer ausgeworfen. Seit dieser Zeit
blieb er still, fieng aber am 5. April 1766. unter
heftigem Erdbeben wieder zu toben an. Auch hat
Island, außer dem Hekla, noch mehrere Vulkane.
Im Junius des Jahrs 1783 brachen auf dieser
Insel Feuersäulen aus der Erde, die zu einer un-
glaublichen Höhe stiegen, und Sand, Staub,
Asche weit um sich herwarfen. Dieser schreckliche
Erdbrand tobte zween Monate lang, eröfnete große
Spalten und Klüfte, leitete dadurch einige große
Flüsse ab, verheerte einen großen Theil der Insel,
und erfüllte alles mit einem erstickenden Schwefel-
dampfe.

In den übrigen Theilen der Erde sind die Vulkane noch häufiger, als in Europa. Unter den
peruanischen ist Cotopaxi der beträchtlichste; er
hat an seinem Fuße über 20 verschiedene Lagen
verbrannter Materien. Auch Pichincha und Chim-

Busch Handb. d. Erf. 7. Th.　　　S　　　bora-

boraço sind Vulkane, doch strömen aus ihnen keine
Laven und sie verursachen nur den größten Schaden
durch das plötzliche Schmelzen des Schnees, welcher im Jahr 1742 eine Fluth von 130 Fuß Höhe
veranlaßte.

Die meisten Inseln, welche die so genannten
Archipelagos ausmachen, scheinen aus Vulkanen
entstanden zu seyn, vorzüglich diejenigen, welche
zwischen Kamtschatka und Japan liegen. Nicht
nur das feste Land von Asien, sondern auch die
philippinischen und moluckischen Inseln, haben Vulkane, überhaupt findet sich im indischen und stillen
Meere eine große Menge vulkanischer Inseln.

Raspe machte 1774 zuerst darauf aufmerksam,
daß in Deutschland besonders die Berge an der nord-
westlichen Seite von Cassel, insgemein der Ha-
bichtswald genannt, ganz ausgezeichnet vulkanisch
sind. Auch bemerkte Collini 1776 Spuren alter
Vulkane an den Ufern des Rheins zwischen Bin-
gen und Bonn. Noch mehrere vulkanische Gegenden entdeckte De Lüc auf seinen Reisen durch
Deutschland.

Um die Ursache einer so wichtigen und furchtbaren Naturbegebenheit zu erklären, nahmen die
ältern Physiker ein immerwährendes mitten im
Kerne der Erdkugel brennendes Feuer an. Man
sahe sich aber in neuern Zeiten bald genöthiget,
diesen groben Begriff zu verwerfen, das unterirdische Feuer, welches die offenbare nächste Ursache
der vulkanischen Ausbrüche ist, näher an die Oberfläche zu versetzen und von seiner Entstehung und

Erhal-

Erhaltung weitere Ursachen aufzusuchen. Hierbey war es nun natürlich auf Erklärungen aus irgend einer Selbstentzündung zu verfallen.

D. Martin Lister *) fiel zuerst darauf, Vulkane, Erdbeben und Gewitter aus entzündeten Dämpfen der Schwefelkiese herzuleiten, von welchen Dämpfen er behauptete, daß sie aus einem wahren Schwefel bestünden; und die Fähigkeit hätten, sich durch Reiben oder Vermischung mit andern Substanzen von selbst zu entzünden. Doch hielt er die freywillige Entzündung nicht einmal für nöthig zur Erklärung der Vulkane, weil er glaubte, daß diese noch von der Schöpfung her unaufhörlich fortbrennten.

Der ältere Lemery gab im Jahr 1700 g) diesem Gedanken ein unerwartetes Licht, indem er folgenden in der Physik sehr berühmt gewordenen Versuch bekannt machte. Er mischte gepülverten Schwefel mit Eisenfeile zu gleichen Theilen, und knetete die Masse mit eben so viel Wasser zu einem Teige. Es stieg sogleich ein hepatischer Geruch auf, und wenn man warmes Wasser genommen hatte, so erhitzte sich das Gemisch augenblicklich (mit kalten aber erst nach 4 Stunden), schwoll auf, erhärtete an der Oberfläche, sprang endlich auf, und verbreitete durch die Risse brennende Dämpfe, die sogleich bey Berührung der Luft in Flammen ausbrachen. Dieser Brand dauerte 10 Stunden und das Feuer ließ sich durch Anblasen wieder erneuern. Fünf und zwanzig Pfund von jeder Materie zur Sommerszeit in einem mit Leinwand be-

.deck-

deckten Topfe in die Erde vergraben, und einen
Fuß hoch mit Erde bedeckt, hoben nach 3 = 4 Ta=
gen die darüber liegende Erde, gaben heiße Schwe=
feldämpfe, und endlich eine Flamme, welche
schwarz und gelbes Pulver umher warf. Dieser
Versuch stellte gleichsam einen Vulkan im kleinen
dar. Er ist nachher mehrmals, unter andern auch
von Baumé, mit gleichem Erfolge wiederholt
worden.

Da nun in den Schwefelkiesen, die sich in
großer Menge unter der Erde befinden, Schwefel
und Eisen chymisch vereiniget ist und diese Kiese
beym Zutritt der Luft und der Feuchtigkeit eine Zer=
setzung oder ein Verwittern erleiden, indem sie ih=
ren metallischen Glanz verlieren und in ein Pulver
zerfallen, welches nun einen herben salzigen Ge=
schmack hat, da ferner die Luft das Phlogiston des
Schwefels in sich nimmt, dessen Säure frey wird,
und mit dem Eisen einen Vitriol, mit den erdigten
Theilen der Kiese Mittelsalze bildet und das Wasser
die Auflösungskraft dieser Stoffe befördert, so muß
dabey eine beträchtliche Hitze entstehen, die unter
günstigen Umständen in wirkliche Entzündung aus=
bricht. Daher hat man seit des Lemery Zeit fast
allgemein angenommen, daß das unterirdische Feu=
er durch das Verwittern der Kiese bey hinlänglichem
Zutritte der Luft und des Wassers entstehe. Wirk=
lich zeigen auch alle Vulkane häufige Spuren von
Eisen, alle Laven sind mit Theilen dieses Metalls
versetzt, die Asche der Vulkane wird vom Magnet
angezogen und unter den vulkanischen Produkten
kom=

kommen Eisenvitriole und andere Erze vor, der
Dampf der Vulkane zeigt deutliche Spuren von
Schwefelsäure; in der Nachbarschaft der Vulkane
werden Selenit, Alaun und andere vitriolische
Salze erzeugt, alle noch brennende Vulkane befinden sich in der Nähe des Meeres oder auf Inseln,
wo der Zugang von Wasser zu vermuthen ist, und
auch die alten Vulkane des festen Landes standen
auf einem Boden, den das Meer nicht längst ver-
lassen hatte, durch welche Umstände jene Erklärung bestätiget wird. Demohngeachtet lassen sich
noch andere Ursachen gedenken, welche bey der Entzündung mitwirken oder doch die Fortdauer des unterirdischen Feuers erhalten; das letztere kann
nach dem Urtheil der besten Chymiker und Mineralogen besonders durch Steinkohlen und Alaunschie-
fer geschehen und Herr Inspector Werner in Frey-
berg hat sogar deutlich dargethan, daß entzündete
Steinkohlenflötze zu vulkanischen Ausbrüchen Anlaß geben können.

Es ist merkwürdig, daß die Ausbrüche der
Vulkane von elektrischen Erscheinungen begleitet
werden. Der Professor Vairo zu Neapel versichert, daß man an senkrecht aufgerichteten eisernen
Stangen während der Ausbrüche des Vesuvs allezeit Merkmale der Elektricität fände. Auch gedenken fast alle Beschreibungen vulkanischer Eruptio-
nen der häufigen Blitze, welche bey heftigen Aus-
würfen zwischen der Erde und den aufsteigenden
Feuersäulen oder Rauchwolken entstehen. Die
Vulkane verursachen durch die Erhitzung eine plötz-

S 3   liche

liche Veränderung in der Temperatur der Luft, welche auf die Luftelectricität wirket. Ueber dieses sind Rauch und Flamme Leiter der Elektricität, durch deren schnelle Erhebung die Erde mit den obern Regionen des Luftkreises in Verbindung gesetzt wird, wodurch ein häufiger Uebergang der Electricität entstehen muß, der sich, wegen der Gestalt der Rauchwolken und wegen der sie trennenden Luft, durch Funken und Blitze äußert. Hamilton versichert auch, daß bey heftigen Ausbrüchen der Vulkane viele Feuerkugeln fallen.

Dieß hat einige verleitet, den Ursprung der Vulkane aus der Elektricität herzuleiten. Beccaria und Hamilton thun das zwar noch nicht, obgleich dem letztern gewöhnlich die Meynung vom elektrischen Ursprunge der Vulkane beygelegt wird, sondern beyde schränken sich nur auf Nachrichten von Blitzen aus Vulkanen ein; aber die hauptsächlichsten Vertheidiger dieser Erklärung sind der Abbé Bertholon de St. Lazare und der neapolitanische Leibarzt Giovanni Vivenzio, welche Erdbeben und Vulkane lediglich der Elektricität zuschreiben und als Gegenmittel wider dieselben eiserne, an beyden Enden zugespitzte und unter der Erde in mehrere Zweige ausgebreitete Stangen aufzurichten vorschlagen. Man hat auch noch angeführt, daß unmittelbar nach den Ausbrüchen die Vegetation äußerst lebhaft wird, welches Folge der Electricität ist, daß ferner die Vulkane hohe hervorragende Gegenstände sind, nahe am Wasser liegen, viel metallisches enthalten u. s. w. Allein die bey den

Vul-

Vulkanen vorkommende elektrische Phänomene sind nur Wirkungen des Ausbruchs, die sich aus der Erhitzung der Luft und den aufsteigenden Rauchwolken eben so gut, wie jedes andere Gewitter, erklären. Die Ursache des ganzen Ausbruchs liegt aber in dem unterirdischen Brande, der keineswegs ein elektrisches Phänomen ist.

Nach dem System des Herrn De Lüc sind die alten Vulkane unsrer Länder noch unter dem ehemaligen Meere ausgebrochen, dessen Wasser sich durch den Boden filtrirte, und in den unterirdischen Höhlen innere Gährungen erzeugte. Die Laven häuften sich und bildeten die größeren vulkanischen Berge; bisweilen brannte das Feuer in abwechselnden Perioden, und es entstanden abwechselnde Lagen von Bodensätzen des Meers und vulkanischen Produkten. Die heftigen Erdbeben erschütterten die alten und hauptsächlich die Schieferberge, und erzeugten die Spalten oder Gänge, die sich nachher mit fremden Materien anfüllten. Die Ausbrüche warfen Trümmern des ursprünglichen Bodens weit umher, die sich auf dem Meergrunde rollten, abrundeten und unter die Bodensätze mengten. Durch eingestürzte Höhlen war die Fläche des alten Meers immer niedriger, und es bildete zuletzt nur noch sandige und thonichte Bodensätze. Zu dieser Zeit wütheten die Vulkane heftiger und warfen hie und da ungeheure Granitblöcke umher. Endlich erfolgte die große Revolution, die unser Land aufs Trockne brachte, ebenfalls durch unterirdisches Feuer, welches die Höhlen unter dem alten

ten festen Lande durchbrach und einstürzte. Nun
wirkten die Vulkane noch eine Zeitlang in den neu-
entstandenen Ländern in voller Stärke; aber nach
und nach verloschen sie, weil die Materien vertrock-
neten, und es an Verbindung mit Wasser gebrach;
sie erhielten sich nur noch in der Nähe des Meeres.
Dagegen brachen im neuen Meere neue Vulkane
aus, die eine Menge Inseln bildeten. Unter allen
Hypothesen über die Bildung der Erdfläche ist diese
des De Lüc die gründlichste h). Vergl. Monds-
vulkane.

a) Rozier Journal de Physique. Juill. 1780. b) Plin.
XXXV, 15. c) Plin. XXXI. 2. d) Kircher Mund.
Subterran. T. I. e) Virgil. Georg. I. v. 472.
f) D. Martin Lister The cause of the Earthquakes
and Volcano's, in Philos. Transact. Nr. 157. p.
512. g) Mem. de l'acad. de Paris. 1700. h) Gehler physikal. Wörterbuch. IV. 502. folg.

Vulpius (Joh.) s. Pflaster.
Vulson de la Colombiere s. Wappenkunst.

Verbesserungen
zu Busch Handbuch 7ter Theil.

Seite 14. Zeile 7. für Kiro lies: Tiro.
— 27 — 21 für Orchestik lies: Orchestrik.
— 29 — 17 für Palois lies: Valois.
— 33 — 10 für denen lies: denn.
— 50 — 8 für Horizontalen lies: horizontalen.
— 55 — 21 für Snetactik lies: Seetactik.
— 59 — 9 nach mit setze: einer.
— 61 — 5 für Namen lies: Nahmen.
— 71 — 2 für Thamyres lies: Thamyras.
— 76 — 14 für 1723 lies: 1724.
— 76 — 25 für 1709 lies: 1767.
— 86 — 6. u. 11 für Südhitze lies: Siedhitze.
— 91 — 23 u. 28 für Cavendisch lies: Cavendish.
— 104 — 27 für Phaley lies: Phaleg.
— 109 — 15 nach: Jahrhunderts setze: gebräuchlich.
— 117 — 22 für Tempion lies: Tompion.
— 119 — 32 für Hepachord lies: Hexachord.
— 126 — 29 für Die lies: Sie.
— 131 — 17 für Schulens lies: Schülens.
— 174 — 10 für 1519 lies: 1517.
— 185 — 16 für Verrichtung lies: Vorrichtung.
— 188 — 25 für Küllmar lies: Küllmer.
— 203 — 15 für 1398 lies: 1498.
— 207 — 5 für Umein lies: Unwin.
— 215 — 17 für Serpi lies: Sarpi.
— 217 — 10 für Vaubon lies: Vauban.
— 227 — 21 nach im setze: 142ten.
— 236 — 15 für Engländer lies: Engländern.
— 237 zu Zeile 11 setze hinzu: blos ein Goldfirniß, der schlechten weissen Metallen die Farbe des Goldes giebt, wird dem Antonio Cento zugeschrieben (Antipandora I. S. 431.), aber von der Vergoldung des versilberten Holzes, die man diesem Künstler zuschreiben will, habe ich keine Nachricht gefunden.
— 245 Zeile 28 für Legarithme lies: Logarithme.
— 254 — 30 für Fromagnot lies: Fromageot.
— 263 — 25 für Bassius lies: Bassins.